普通高等教育机械类专业"十三五"规划教材

焊接技术与设备

（第2版）

主　编　侯志敏　汤振宁

副主编　金　驰　聂国强　李晓政

主　审　孙乃坤

西安交通大学出版社

XI'AN JIAOTONG UNIVERSITY PRESS

内容简介

本书根据高等职业教育需求,以培养专业人才为特色,紧密结合生产实际,突出应用能力和综合素质的培养。主要讲述了各种常用焊接方法的过程本质、焊接工艺及质量控制等。全书共分为八章:第1章集中介绍电弧焊的一些共性内容;第2章至第7章系统地介绍了焊条电弧焊、埋弧焊、熔化极气体保护焊、钨极惰性气体保护焊、等离子弧焊接与切割以及电阻焊的原理、特点与工艺;第8章则对钎焊、高能密度焊、电渣焊、摩擦焊、扩散焊以及爆炸焊等作了简要介绍。本书力求通俗易懂,侧重讲解原理与应用,可以更好地配合实习教材。

本书可作为高等职业院校、成人高校、专科院校及本科院校焊接相关专业师生的教材,也可作为相关企事业单位工程技术人员的培训教材。

图书在版编目(CIP)数据

焊接技术与设备/侯志敏,汤振宁主编. —2版
. —西安:西安交通大学出版社,2016.7(2024.7重印)
ISBN 978-7-5605-8693-9

Ⅰ. ①焊… Ⅱ. ①侯…②汤… Ⅲ. ①焊接工艺-
高等职业教育-教材②焊接设备-高等职业教育-教材
Ⅳ. ①TG44②TG43

中国版本图书馆 CIP 数据核字(2016)第 153669 号

书　　名	焊接技术与设备(第 2 版)	
主　　编	侯志敏　汤振宁	
责任编辑	王　欣	
出版发行	西安交通大学出版社	
	(西安市兴庆南路 1 号　邮政编码 710048)	
网　　址	http://www.xjtupress.com	
电　　话	(029)82668357　82667874(市场营销中心)	
	(029)82668315(总编办)	
传　　真	(029)82668280	
印　　刷	西安日报社印务中心	
开　　本	787mm×1092mm　1/16　印张 12.25　字数 290 千字	
版次印次	2016 年 7 月第 2 版　2024 年 7 月第 10 次印刷	
书　　号	ISBN 978-7-5605-8693-9	
定　　价	28.00 元	

如发现印装质量问题,请与本社市场营销中心联系。
订购热线:(029)82665248　(029)82667874
投稿热线:(029)82664954
读者信箱:1410465857@qq.com

前　言

焊接方法与设备是根据高等院校焊接及相关专业(焊接方向)教学需要而开设的一门焊接专业基础课程,是焊接行业人员应掌握的技术基础。本书主要讲述了各种焊接方法的原理、相应焊接设备的构成、焊接工艺及质量控制措施,并对焊接方法及工艺的新发展作了概括介绍。全书分为八章:为了便于讨论,先在第1章集中介绍焊接热源的电弧的物理本质、热源和力源特性、焊丝的熔化及熔滴过渡、母材熔化及焊缝成形规律等。第2章至第7章中系统地介绍了焊条电弧焊、埋弧焊、熔化极气体保护焊、钨极惰性气体保护焊、等离子弧焊接与切割以及电阻焊的原理、特点、工艺和应用。为了拓展专业知识,第8章则对钎焊、高能密度焊、电渣焊、摩擦焊、扩散焊以及爆炸焊等作了简要介绍。

本书的编写以多所院校课程改革成果为基础,吸取了众多同类教材的优点,突出了高校培养特色,遵循以应用为主的原则,着重介绍目前广泛应用的电弧焊,并紧密结合生产实际,着重讲述常用焊接方法应用中的基本理论和实践问题,列出了大量较实用的焊接工艺参数以供参考。本书力图反映近年来发展的高效、节能、低成本和绿色焊接等新的工艺方法,在取材上力求突出实用性,注重从理论与实践结合的角度阐明焊接技术理论。首先使读者建立起感性的认识,再引导读者进行理论学习,且在每章节后附有相应的练习,建议教师尽可能带学生到实训场进行理论实践一体化教学。本书体现了重点突出、实用为主、够用为度的原则,具有针对性、实用性和指导性。

本教材由侯志敏、汤振宁主编并对全书统稿,金驰、聂国强、李晓政任副主编,孙乃坤担任主审。本书在编写过程中,参阅了很多国内外的相关教材和资料,充分吸收了国内多所高校近年来的教学成功经验,得到了很多教授、专家的支持和帮助,特别是在整本教材的编写过程中沈阳理工大学孙乃坤老师提出了很多宝贵意见,在此表示衷心的感谢。

本书可作为高等院校、成人高校及高等职业院校机械类、机电类、汽车类专业学生培训的通用教材,也可供从事焊接相关工作的工程技术人员参考。

尽管我们在教材的编写方面作了很大的努力,力求完美,但由于水平有限,加之时间仓促,书中难免有疏漏或不当之处,恳请使用本书的广大师生和读者不吝批评指正,多提宝贵意见和建议。

编者
2016 年 5 月

目　录

第1章 焊接基础知识

【目的】

1. 认识焊接技术在现代工业中的地位、作用及发展概况。

2. 了解焊接方法、分类及相关基础知识。

【要求】

了解:1.电弧焊的导电特性及工艺特性。

2.典型结构焊接工艺的选择,对焊接参数有较深刻的理解。

3.各种焊接设备特点及其构成,对使用广泛的设备有深入了解。

掌握:熔滴过渡形式,母材熔化与焊缝成形。

应会:1.各种焊接方法的原理及特点。

2.各种焊缝成形缺陷的产生及防止。

3.焊接的安全技术。

焊接技术是机械制造工业中的关键技术之一。我国40％以上的钢都用于制造不同的焊接结构。在石油、天然气、煤炭等能源工业中的诸多领域以及核能、热能装备中,焊接都是最主要、最关键的技术;在造船工业中,焊接高效化将达到80％以上;我国汽车生产行业中需采用大量的先进焊接技术;由于航空航天运输工具要求尽可能高的推力重量比,必须采用轻型材料和结构,因此也需要采取一些特殊的现代焊接方法;另外,在电子工业中广泛采用的组装技术就是焊接连接。因此可以说,没有焊接技术的发展就没有现代工业,焊接在国民经济建设和社会发展中的作用是无可替代的。

1.1 焊接方法及其发展概述

1.1.1 焊接及其实质

在工业生产中材料的连接方式可分为两类:一类是可以拆卸式连接,即不必破坏零件就可以拆卸,如螺纹连接、键连接等,如图1-1所示;另一类是不可拆卸式连接(也叫永久性连接),即要拆卸就必须毁坏零件后才能实现,如焊接、粘接、铆接等,如图1-2所示。

焊接是通过加热、加压或两者并用,并且用(或不用)填充材料,使工件达到结合的一种加工工艺。其实质就是通过适当的物理-化学过程,使两个分离表面的金属原子接近晶

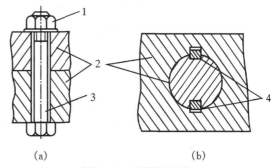

(a)   (b)

图1-1 可拆卸连接

(a)螺栓连接;(b)键连接

1—螺母;2—零件;3—螺栓;4—键

格距离(0.3～0.5 nm)形成金属键,从而使
两金属连为一体。当然,焊接也可以实现非
金属材料的永久性连接,如玻璃连接、陶瓷
连接、塑料连接等。在工业生产上焊接主要
是指金属连接。

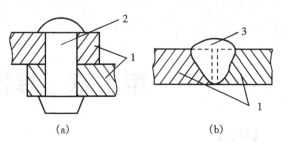

图 1-2　永久性连接
(a)铆接;(b)焊接
1—零件;2—铆钉;3—焊缝

1.1.2　焊接方法的特点

焊接是目前应用极为广泛的一种永久
性连接方式,几乎已经全部代替了铆接。在
机械制造中已经大量采用焊接结构代替以
前的整锻、整铸,以简化工艺,降低成本。目前全世界焊接结构用钢已经占钢产量的 40% 以
上,焊接工艺之所以得到飞速发展,是因为与铸造、锻压、铆接等方法相比,焊接具有如下特点。

1. 焊接的优点

①焊接结构简单、产品质量轻。由于焊接的强度较高,在同样的承载条件下可更轻、更薄,
这个特点对交通运输工具来说更为有利。

②整体性、气密性、水密性好。焊接结构对水、油、气的密封性都很好,是理想的密封结构,
适用于各类容器。

③制造周期短、成本低、见效快、经济效益好。焊接的制造工艺比铆接简单得多,可以省去
钻孔和划埋头孔等工作。采用现代的焊接工艺很容易实现专业化和大批量生产。

④板厚限制小、设计简单灵活。焊接连接工艺特别适合于制造几何尺寸大而材料较分散的产品。

⑤可以焊接不同金属材料。焊接可以在不同部分采用不同性能的材料进行,充分发挥各
种材料的特长,经济且优质。

2. 焊接的不足之处

①结构具有不可拆性。

②焊接时局部加热,焊接接头的组织和性能与母材相比发生变化,产生焊接残余应力和焊
接变形。

③焊接缺陷的隐蔽性易导致焊接结构的意外破坏。

1.1.3　焊接方法的分类

焊接方法根据其焊接过程特点可分为熔焊、压焊、钎焊三大类。这三类焊接方法对比如图
1-3 所示。

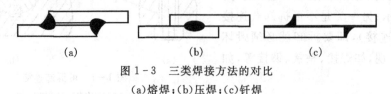

图 1-3　三类焊接方法的对比
(a)熔焊;(b)压焊;(c)钎焊

1. 熔焊

将待焊处的母材金属熔化以形成焊缝的焊接方法称为熔焊。

常见熔焊有:电弧焊、气焊、电渣焊、铝热焊、电子束焊和激光焊等。

2. 压焊

焊接过程中,必须对焊件施加压力,以完成焊接的方法称为压焊。

常见的压焊有:电阻焊、摩擦焊、超声波焊、扩散焊、冷压焊、爆炸焊和锻焊等。

3. 钎焊

采用比母材熔点低的金属材料做钎料,将焊件和钎料加热使其高于钎料熔点、低于母材熔化温度,利用液态钎料润湿母材,填充接头间隙并与母材相互扩散实现连接焊件的焊接方法称为钎焊。

常见的钎焊有:火焰钎焊、感应钎焊、电阻钎焊、盐浴钎焊和电子束钎焊等。焊接方法具体分类见表 1-1。

表 1-1　焊接分类法

第一层次 (根据母材是否熔化)	第二层次	第三层次	第四层次	代号	是否易于 实现自动化
熔焊: 　利用一定的热源,使构件的被连接部位局部熔化成液体,然后再冷却结晶成一体的方法称为熔焊。可根据热源进行第二层次的分类	电弧焊	熔化极电弧焊	手工电弧焊	111	△
			埋弧焊	121	○
			熔化极气体保护焊(GMAW)	131	○
			CO_2 焊	135	○
			螺柱焊		△
		非熔化极电弧焊	钨极氩弧焊(GTAW)	141	○
			等离子弧焊	15	○
			原子氢焊		△
	气焊	氧-氢火焰		311	△
		氧-乙炔火焰			△
		空气-乙炔火焰			△
		氧-丙烷火焰			△
		空气-丙烷火焰			△
	铝热焊				△
	电渣焊			72	○
	电子束焊	高真空电子束焊		76	○
		低真空电子束焊			○
		非真空电子束焊			○
	激光焊	CO_2 激光焊		751	○
		YAG 激光焊			○
	电阻点焊			21	○
	电阻缝焊			22	○

第一层次 （根据母材是否熔化）	第二层次	第三层次	第四层次	代号	是否易于 实现自动化
压焊： 　利用摩擦、扩散和加压等物理作用，克服两个连接表面的不平度，除去氧化膜及其他污染物，使两个连接表面上的原子相互接近到晶格距离，从而在固态条件下实现连接的方法	闪光对焊			24	
	电阻对焊			25	○
	冷压焊				△
	超声波焊			41	○
	爆炸焊			441	○
	锻焊				△
	扩散焊			45	△
	摩擦焊			42	○
钎焊： 　这种方法采用熔点比母材低的材料作钎料，将焊件和钎料加热至高于钎料熔点、但低于母材熔点的温度，利用毛细作用使液态钎料充满接头间隙，熔化钎料润湿母材表面，冷却后结晶形成冶金结合。钎焊可根据加热方式进行第二个层次的分类	火焰钎焊			912	△
	感应钎焊				△
	炉中钎焊	空气炉钎焊			△
		气体保护炉钎焊			△
		真空炉钎焊			△
	盐浴钎焊				△
	超声波钎焊				△
	电阻钎焊				△
	摩擦钎焊				△
	金属浴钎焊				△
	放热反应钎焊				△
	红外线钎焊				△
	电子束钎焊				△

　　○易于实现自动化；△难以实现自动化。

1.1.4　焊接方法发展概况

　　焊接是一种古老而又年轻的加工方法，我国古代就有使用锻焊和钎焊的实例。据记载，春秋战国时期，我们的祖先已经懂得以黄泥作为助熔剂，用加热锻打的方法把两块金属连接在一起。到公元 7 世纪唐代时，已应用锡钎焊和银钎焊来焊接了，这比欧洲国家要早十个世纪。

　　然而，目前工业生产中广泛应用的焊接方法却是 19 世纪和 20 世纪初期现代科学技术发展的产物。特别是冶金学、金属学以及电工学的发展，奠定了焊接工艺及设备的理论基础，而冶金工业、电力工业和电子工业的发展，则为焊接技术的长远发展提供了有利的物质和技术条件。焊接方法的发展简史见表 1 - 2。

表 1-2　焊接方法的发展简史

焊接方法	发明年代	发明国家	焊接方法	发明年代	发明国家
碳弧焊	1885	俄国	冷压焊	1948	英国
电阻焊	1886	美国	高频电阻焊	1951	美国
金属极电弧焊	1892	俄国	电渣焊	1951	前苏联
热剂焊	1895	德国	CO_2 气体保护电弧焊	1953	美国
氧-乙炔焊	1901	法国	超声波焊	1956	美国
金属喷镀	1909	瑞士	电子束焊	1956	法国
原子氢焊	1927	美国	摩擦焊	1957	前苏联
高频感应焊	1928	美国	等离子弧焊	1957	美国
惰性气体保护电弧焊	1930	美国	爆炸焊	1963	美国
埋弧焊	1935	美国	激光焊	1965	美国

1.1.5　焊接在制造业中的战略地位及其新发展

众所周知,机械制造业是国民经济的基础,它决定一个国家的工业生产能力和水平,而焊接技术则是机械制造工业中的关键技术之一。我国 40% 以上的钢都用于制造不同的焊接结构。在石油、天然气、煤炭等能源工业中的诸多领域以及核能、热能装备中,焊接都是最主要、最关键的技术。现代焊接方法得到了广泛的应用:在造船工业中焊接高效化将达到 80% 以上;在我国的汽车行业生产中,大量采用先进焊接技术,如机器人电阻焊、电弧焊、激光切割及焊接等;由于航空航天运输工具要求尽可能高的推力重量比,必须采用轻型材料和结构,因此采取了一些特殊的现代焊接方法,如电子束焊、激光焊、钎焊、超塑成型-扩散连接等;在电子工业中广泛采用的组装技术就是焊接连接。因此,可以说没有焊接技术的发展就没有现代工业,焊接在国民经济建设和社会发展中的作用是无可替代的。

随着工业和科学技术的发展,焊接方法也在不断进步和完善。焊接已经从单一的加工工艺发展成为综合性的先进的工艺技术,焊接方法的新发展主要体现在以下几个方面。

1. 提高焊接生产率,进行高效焊接

这可以通过采用新型焊接材料、焊接工艺方法实现。如焊条电弧焊中的铁粉焊条、重力焊条和躺焊焊条工艺,埋弧焊中的多丝、热丝焊及窄间隙焊接,气体保护电弧焊中的气电立焊、热丝 MAG 焊及 TIME 焊等,都是常见的高效化焊接方法。

2. 提高准备工序及焊接过程的机械化、自动化、智能化水平

这主要是将计算机、机器人等高新技术应用到焊接领域从而提高焊接生产率、提高产品质量、改善工人劳动条件,解决目前生产中存在的劳动条件差、依靠经验或实验进行开发和生产两大关键问题。

我国目前手工焊接所占比例还很大,而国外焊接过程机械化、自动化程度已达到比较高的水平。焊接机器人的应用是提高焊接过程自动化水平的有效途径,应用焊接专家系统、神经网络系统等都能提高焊接过程智能化水平。

3. 热源的应用和开发

焊接工艺几乎运用了世界上一切可以利用的热源。熔焊、压焊、钎焊三类焊接方法基本上都要用热源,如火焰、电弧、电阻、激光、电子束等。新的更好的更有效的热源也一直在研发中,每种热源的出现都会伴随焊接新工艺的发明,比如出现了激光就有了激光焊,出现了等离子就有了等离子焊。也可采用两种热源叠加,以获得更强的能量密度,如等离子束加激光,电弧中加激光,等等。

4. 复杂焊接产品质量的可靠检测与寿命评估

发展无损探伤技术,研究焊接结构可靠性及寿命的评估理论和方法。发展计算机模拟技术,使焊接技术得到进一步的提高和完善。

1.2　焊接的热源

要进行金属的焊接就必须提供能量。对于熔焊,主要是提供热源。常用的热源有电弧热、电阻热、化学热、摩擦热、激光束、电子束等。常见的焊接热源特点及对应的焊接方法见表1-3。当然,目前应用最广的热源是电弧热。

表 1-3　常用焊接热源的特点及对应焊接方法与技术

焊接热源	特点	对应焊接方法与技术
电弧热	以气体介质在两电极之间或电极与母材之间强烈而持久的放电过程所产生的热能为焊接热源。电弧热是目前焊接中应用最广的热源。	电弧焊,如焊条电弧焊、埋弧焊、气体保护焊、等离子焊、等离子弧切割等
化学热	利用可燃气体的火焰放出的热量或铝、镁热剂与氧或氧化物发生强烈反应所产生的热量为焊接热源	气焊、气割、钎焊、热剂焊(铝热剂)
电阻热	利用电流通过导体及其界面时所产生的电阻热为焊接热源	电阻焊、高频焊(固体电阻热)、电渣焊(熔渣电阻热)
摩擦热	利用机械高速摩擦所产生的热量为焊接热源	摩擦焊
电子束	利用高速电子束轰击工件表面所产生的热量为焊接热源	电子束焊
激光束	利用聚集的高能量的激光束为焊接热源	激光焊

电弧焊是以电弧作为热源的形式,将电能转变为热能来熔化金属,实现焊接的一种熔焊方法,是现代焊接方法中应用最为广泛,也是最为重要的一类焊接方法,可有效而简便地把弧焊电源输送的电能转换成焊接过程所需要的热能和机械能。电弧的这种能量转换和利用就成为电弧焊的基础,电弧焊接就是利用这种热能来熔化焊条和母材。因此,焊接电弧的稳定性及热特性等各种性质对焊接的质量有着直接的影响。这就需要深入了解焊接电弧的物理性质和各种特性。

1.2.1　焊接电弧及其形成

1. 焊接电弧的概念

焊接电弧是由焊接电源供给的,它是一种气体放电现象,是由带电粒子通过两电极之间气体空间的一种放电过程。与其他气体放电相比,电弧放电的主要特点是电流最大、电压最低、温度最高、发光最强。图 1-4 为焊条电弧焊电弧示意图。

2. 焊接电弧的产生

正常状态下,气体不能导电,电弧也不能自发地产生,只有两极(或电极与母材)间的气体有带电粒子时,电弧才能产生并且稳定燃烧。自然获得带电粒子的方法就是使气体电离和金属电极(阴极)电子发射。这样电流才能通过气体间隙而形成电弧。

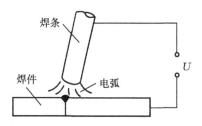

图 1-4　焊条电弧焊电弧示意图

(1)气体的电离　在外加能量作用下,使中性的气体分子或原子分离成电子和正离子的过程称为气体电离。其本质是中性气体粒子吸收足够的能量,使电子脱离原子核的束缚而成为自由电子和正离子的过程。使气体电离所需要的能量称为电离能,常见元素的电离能见表 1-4。不同的气体或元素由于原子构造不同,其电离能也不同,电离能越大,气体就越难电离。

表 1-4　常见元素的电离能

元素	K	Na	Ba	Ca	Cr	Ti	Mn	Mg
电离能/eV	4.34	5.11	5.21	6.11	6.76	6.82	7.40	7.61
元素	Fe	Si	H	O	N	Ar	F	He
电离能/eV	7.83	8.15	13.59	13.62	14.53	15.76	17.48	24.59

在焊接过程中气体电离主要有热电离、场致电离、光电离三种。

①热电离。气体粒子受热的作用而产生电离的过程称为热电离。其本质为粒子热运动激烈,相互碰撞产生的电离。

②场致电离。带电粒子在电场中高速运动,和其中的中性粒子发生非弹性碰撞而产生的电离。两电极之间的电压越高、电场作用越大,则电离作用越强烈。

③光电离。中性气体粒子受到光辐射的作用而产生的电离过程称为光电离。

(2)阴极电子发射　阴极金属表面的自由电子受到外加能量时从阴极表面逸出的过程称为阴极电子发射。

一般情况下,电子是不能自由离开金属表面向外发射的,要使电子逸出电极金属表面而产生电子发射,就必须加给电子一定的能量,使它克服电极金属内部正电荷对它的静电引力。电子从阴极金属表面逸出所需要的能量称为逸出功。电子逸出功的大小与阴极的成分有关。逸出功越小,阴极发射电子就越容易,常见元素的逸出功见表 1-5。

表 1-5　常见元素的逸出功

元素	K	Na	Ca	Mg	Mn	Ti	Fe	Al	C
逸出功/eV	2.26	2.33	2.90	3.74	3.76	3.92	4.18	4.25	4.34

焊接时,根据所吸收能量的不同,阴极电子发射主要有热发射、电场发射、撞击发射等。

①热发射。焊接时,阴极表面温度很高,引起部分电子的动能达到或超过电子从阴极金属表面逸出所需的能量时产生的电子发射。热阴极以热发射为主要的发射形式。

②电场发射。阴极表面受到电场力的影响,当电场力达到某一程度时电子逸出阴极表面形成电子发射。冷阴极以电场发射为主要的发射形式。

③粒子碰撞发射。电弧中高速运动的正离子碰撞阴极时,将能量传递给阴极使表面自由电子得到能量而逸出。电场强度越大,在电场的作用下正离子的运动速度越快,产生的撞击发射作用也越强烈。

在焊接过程中,上述几种电子发射形式常常同时存在,但是条件不同的时候每种发射所起的作用不同。

1.2.2　焊接电弧的构造及其导电特性

焊接电弧的构造可分为三个区域:弧柱区、阴极区和阳极区。电弧的热能由这三个区域产生,如图1-5所示。

1. 弧柱区的导电特性

弧柱区是电弧阴极区与阳极区之间的那部分。是大量电子、正离子等带电粒子和中性粒子等聚合在一起的气体,对外呈电中性。弧柱的长度基本上等于电弧的长度;弧柱的温度与弧柱气体介质和焊接电流大小等因素有关;焊接电流越大,弧柱中电离程度越高,弧柱温度也越高。焊条电弧焊时,弧柱中心温度为5 370~7 730 ℃,占放出热量的21%左右。

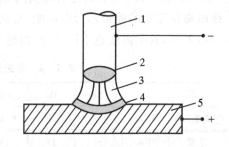

图1-5　焊接电弧的构造
1—焊条;2—阴极区;3—弧柱区;4—阳极区;5—焊件

2. 阴极区的导电特性

电弧紧靠负电极的区域称为阴极区。它的作用有:接受由弧柱传来的正离子流;向弧柱区提供电弧导电所需的电子流。在阴极区的阴极表面有一明亮的斑点,称为阴极斑点,它是阴极区温度最高的地方。当然,阴极区的导电特性主要取决于阴极的电极材料种类及工作条件(电流大小、气体介质等)。焊条电弧焊时,阴极区温度一般为2 130~3 230 ℃,占放出热量的36%左右。

这里要提一下,阴极斑点是电流最集中流过的区域。在采用铜、铝等材料作阴极材料时,阴极斑点有清除表面氧化物的作用,这在后面会详细介绍。

3. 阳极区的导电特性

电弧紧靠近正电极的区域称为阳极区。它的作用有:接受由弧柱传来的电子流;向弧柱区提供电弧导电所需的正离子流。在阳极区的阳极表面也有阳极斑点,它是电弧放电时正电极表面上集中接收电子的微小区域。阳极不发射电子,消耗能量少,因此当阳极与阴极材料相同时,阳极区的温度要高于阴极区。焊条电弧焊时,阳极区温度一般为2 330~3 930 ℃,占放出热量的43%左右。

1.2.3 焊接电弧的工艺特性

电弧焊以电弧为能源,主要利用其热能及机械能。焊接电弧与热能及机械能有关的工艺特性主要包括:电弧的热能特性、电弧的力学特性及电弧的稳定性等。

1. 电弧的热能特性

电弧可以看作是一个把电能转换成热能的柔性导体,由于电弧三个区域的导电特性不同,故产热特性也不同。

(1)弧柱区的产热　电流密度小,温度高,能量主要由粒子碰撞产生,热能损失严重。

(2)阴极区的产热　电流密度大,温度低,能量主要用于对阴极加热和阴极区的散热损失,还可用来加热填充材料或焊件。

(3)阳极区的产热　电流密度大,温度低,能量主要用于对阳极加热和散热损失,也可用来加热填充材料或焊件。

2. 电弧的力学特性

在焊接过程中,电弧的机械能是以电弧力的形式表现出来的,电弧力影响到焊件的熔深及熔滴过渡,以及熔池的搅拌、焊缝成形和金属飞溅,因此电弧力直接影响着焊缝质量。电弧力主要包括电磁收缩力、等离子流力、斑点力等。

(1)电弧力及其作用

①电磁收缩力。产生的原因是电弧电流导线之间产生的相互吸引力,如图1-6所示。由于电极两端的直径不同,因此电弧呈倒锥形状,电弧轴向推力(见图1-7中F_t)在电弧横截面上分布不均匀,弧柱轴线处最大,向外逐渐减小,在焊件上此力表现为对熔池形成的压力,称为电磁静压力。电磁静压力的作用效果是使熔池下凹,如图1-8(a)所示;对熔池产生搅拌作用,细化晶粒;促进排除杂质气体及夹渣;促进熔滴过渡;约束电弧的扩展,使电弧挺直,能量集中。

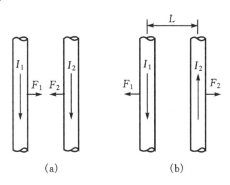

图1-6 两根平行导线之间的电磁力示意图
(a)电流方向相同产生吸引力;(b)电流方向相反产生排斥力

②等离子流力。电磁轴向静压力推动电极附近的高温气流(等离子流)持续冲向焊件,对熔池形成附加的压力,这个压力就称为等离子流力(电磁动压力)。等离子流力的作用效果是可增大电弧的挺直性,促进熔滴过渡,增大熔深并对熔池形成搅拌作用,如图1-8(b)所示。

③斑点力。电极上形成斑点时,由于受到带电粒子的撞击或金属蒸发的反作用而对斑点产生的压力,称为斑点压力或斑点力。斑点力的方向总是和熔滴过渡方向相反,因此总是阻碍熔滴过渡,产生飞溅。一般来说,阴极斑点力比阳极斑点力大,所以在直流电弧焊时可以通过采用反接法来减小这种影响。

(2)电弧力的主要影响因素

①焊接电流和电弧电压。焊接电流增大,电磁收缩力和等离子流力都增加,所以电弧力也

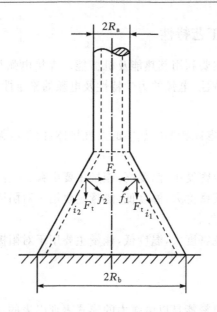

图 1-7　圆锥状电弧及其电磁力示意图

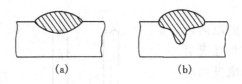

图 1-8　焊缝形状示意图

(a)主要由电磁静压力决定的碗状熔深;(b)主要由电磁动压力决定的指状熔深

增大。焊接电流一定,电弧长度增加引起电弧电压升高,则电弧力减小。

②焊丝直径。焊接电流一定时,焊丝越细,电流密度越大,造成电弧锥形越明显,则电磁力和等离子流力增大,导致电弧力增大。

③电极(焊条、焊丝)的极性。通常情况下,阴极导电区的收缩程度比阳极区大,因此,钨极氩弧焊正接时,可以形成锥度较大的电弧,产生较大的电弧力。熔化极气体保护焊采用直流正接时,熔滴受到较大的斑点压力,过渡时受到阻碍,电弧力较小;反之,直流反接时,电弧力较大。

④气体介质。不同种类的气体介质,其热物理特性不同,对电弧产生的影响也不同。导热性强的气体或多原子气体消耗的热量多,会引起电弧的收缩,导致电弧力的增加;气体流量或电弧空间气体压力增加,也会引起弧柱收缩,导致电弧力增加,同时使斑点压力增大,从而使熔滴过渡困难。CO_2 气体保护焊时这种现象尤为显著。

3. 焊接电弧的稳定性

焊接电弧的稳定性是指电弧保持稳定燃烧(不产生断弧、漂移、偏吹等)的程度。焊接电弧的稳定燃烧是保证焊接质量的一个重要的因素。当然,电弧的稳定性除了和操作人员的熟练程度有关之外,还与其他因素有关。

（1）焊接电源的影响　电源的特性符合电弧燃烧的要求时,焊接电弧的稳定性好。直流焊接电源比交流电源的电弧稳定性好;电源的空载电压越高,引弧越容易,电弧燃烧的稳定性越好。

（2）焊条涂层的影响　焊条涂层中含电离电位较低的物质(如钾、钠、钙的氧化物)越多,气体电离程度越好,导电性越强,则电弧燃烧更稳定。

（3）焊接电流的影响　焊接电流大,电弧温度高,弧柱区气体电离程度和热发射作用强,则电弧燃烧更稳定。

（4）电弧长度的影响　电弧长度过短,容易造成短路;电弧过长,电弧就会发生剧烈摆动,从而破坏焊接电弧的稳定性,并且飞溅较大。

（5）焊接表面状况、气流、电弧偏吹等的影响。焊接处不清洁,如有油脂、水分、锈蚀等存在时电弧稳定性差。气流、大风、电弧偏吹等都会降低电弧燃烧的稳定性。

1.3　电弧焊的熔滴过渡

电弧焊时,焊丝的末端在电弧的高温作用下加热熔化,形成的熔滴通过电弧空间向熔池转移的过程称为熔滴过渡。焊丝形成的熔滴作为填充金属与熔化的母材共同形成焊缝。因此,焊丝的加热熔化及熔滴过渡将对焊接过程和焊缝质量产生直接的影响。熔滴过渡有不同的形式,这是由于作用于液体金属熔滴上的外力不同的缘故。在焊接时,采取一定的工艺措施,就可以改变熔滴上的作用力,也就是使熔滴按人们所需要的过渡形式自焊条向熔池过渡。

1.3.1　熔滴过渡的作用力

电弧焊时,在电弧热作用下焊丝或焊条端部受热熔化形成了熔滴。熔滴上的作用力直接影响到熔滴过渡及焊缝成形。其作用力有以下几种。

1. 熔滴的重力

任何物体都会因为本身的重力而具有下垂的倾向,重力在平焊时促进熔滴过渡,而在立焊及仰焊位置时则阻碍熔滴过渡,如图 1-9 所示。

2. 表面张力

液体金属像其他液体一样,在没有外力作用时,其表面积会趋向减小,缩成圆形。对金属熔滴来说,表面张力使熔化金属成为球形。表面张力在平焊时阻碍熔滴过渡,但在其他位置焊接时,表面张力对熔滴过渡有利,如图 1-9 所示。

3. 电弧力

电弧力(电磁收缩力、等离子流力、斑点力等)中,电磁收缩力及等离子流力对熔滴过渡有促进作用,斑点力阻碍熔滴过渡的顺利进行。但是,电弧力只有在焊接电流较大的时候才能对熔滴过渡起到主要的作用,焊接电流较小时起主要作用的是重力和表面张力。

4. 熔滴爆破力

熔滴内部由于冶金反应而生成的气体,在电弧高温下可能

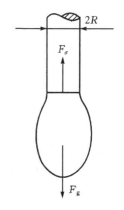

图 1-9　熔滴上的重力和
　　　表面张力示意图
F_g—重力;F_σ—表面张力

会聚集致使熔滴爆破,这种内压力称为熔滴爆破力,它是产生飞溅的原因之一。

5. 电弧的气体吹力

焊条电弧焊使焊条端部形成套筒,药皮中的造气剂产生的气体及 CO 气体在高温下体积急剧膨胀并从套筒中喷出,形成一股促进熔滴过渡的推力。不论焊缝的空间位置怎么样,这种气体都将有利于熔滴金属的过渡。如图 1-10 所示。

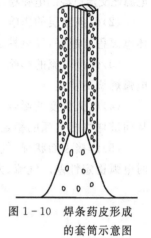

图 1-10　焊条药皮形成的套筒示意图

1.3.2　影响过渡熔滴大小的因素

在焊接过程中,过渡熔滴大小是不定的,焊丝的含碳量、焊条的涂药成分及焊接电流等都会影响熔滴的大小。电流强度增大时,熔滴减小;金属中含碳量增加时会增加过渡金属的流动性,使熔滴分裂成细小的熔滴;药皮被氧化成熔渣包围在熔滴外围,能减小熔滴的表面张力,致使熔滴变细。

1.3.3　影响熔滴过渡的主要形式及特点

熔滴过渡的主要形式有自由过渡、接触过渡和渣壁过渡三种。各种过渡所对应的熔滴及电弧形状如图 1-11 所示。

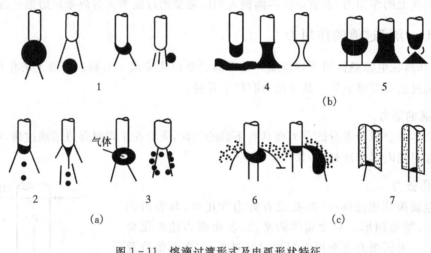

图 1-11　熔滴过渡形式及电弧形状特征
(a)自由过渡;(b)接触过渡;(c)渣壁过渡

1. 自由过渡

自由过渡是指熔滴经电弧空间自由飞行,焊丝端头与熔池不发生直接接触的过渡方式。当过渡的熔滴直径比焊丝直径大的时候称为滴状过渡(见图 1-11 中 1);当过渡的熔滴直径比焊丝直径小的时候则称为喷射过渡(见图 1-11 中 2);在电弧气氛或保护气体中含有 CO_2 气体时,有时会发生爆炸现象,使部分熔滴金属爆炸飞溅,而只有部分金属得以过渡,这种形式称为爆破过渡(见图 1-11 中 3)。常用的自由过渡是滴状过渡和喷射过渡。

(1)滴状过渡　滴状过渡时电弧电压较高,根据电流的大小、极性和保护气体的种类不同又分为粗滴过渡和细滴过渡。粗滴过渡时熔滴存在的时间长、尺寸大、飞溅也大,电弧稳定性及焊缝质量都较差。细滴过渡时熔滴存在时间短,熔滴细化、过渡频率增加、电弧稳定性较高、飞溅较少、焊缝质量高,在生产中广泛采用。

(2)喷射过渡　焊接电流增大时熔滴尺寸减小,当焊接电流增大到一定数值后,出现喷射过渡状态,即熔滴呈细小颗粒并以喷射状态快速通过电弧空间向熔池过渡的形式。喷射过渡具有电弧稳定、没有飞溅、电弧熔深大、焊缝成形好、生产率高等优点,适合于焊接厚度大于 3 mm 的焊件、不适宜焊接薄板。

2. 接触过渡

接触过渡是焊丝端部的熔滴与熔池表面通过接触而过渡的方式。又可分为短路过渡(见图 1-11 中 4)和搭桥过渡(见图 1-11 中 5)。其中短路过渡能在小功率电弧下可实现稳定的金属熔滴过渡和稳定的焊接过程,所以适合于薄板或低热输入的焊接。

3. 渣壁过渡

渣壁过渡是熔滴沿着熔渣的壁面流入熔池的一种过渡形式。这种过渡方式只出现在埋弧焊和焊条电弧焊中(见图 1-11 中 6,7)。

1.4　母材熔化与焊缝成形

因为合适的焊缝成形是确定电弧焊工艺条件的重要依据,是电弧焊的主要质量指标,所以首先要了解在电弧热和力的作用下母材的熔化、熔池和焊缝的形成过程,分析焊缝成形的特点及其控制方法。

1.4.1　焊缝形成过程

在电弧热的作用下焊丝与母材被熔化,在焊件上形成一个具有一定形状和尺寸的液态熔池。随着电弧的移动熔池前端的焊件不断被熔化进入熔池中,熔池后部则不断冷却结晶形成焊缝,如图 1-12 所示。熔池的形状不仅决定了焊缝的形状,而且对焊缝的组织、力学性能和焊接质量都有重要的影响。

熔池的体积由电弧的热作用决定,而熔池的形状则取决于电弧对熔池的作用力。焊缝的结晶过程与熔池的形状有密切的关系。焊缝的结晶总是从熔池边缘处母材的原始晶粒开始,沿着熔池散热的相反方向进行,直至熔池中心与

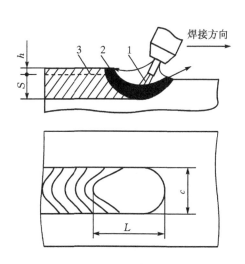

图 1-12　熔池形状与焊缝成形示意图
1—电弧;2—熔池金属;3—焊缝金属;
S—熔池深度;c—熔池宽度;L—熔池长度;h—焊缝余高

从不同方向结晶而来的晶粒相遇时为止。因此，所有的结晶晶粒方向都与熔池的池壁相垂直，如图 1-13 所示。如果熔池呈椭圆形，焊缝产生裂纹的可能性较小。

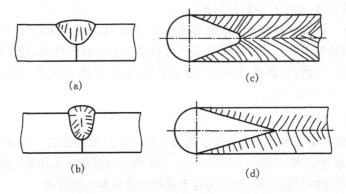

图 1-13　熔池形状对焊缝结晶的影响示意图

1.4.2　焊缝形状与焊缝质量的关系

焊缝形状即是焊件熔化区横截面的形状，我们通常用焊缝有效厚度 S、焊缝宽度 c 和余高 h 三个参数来表示。图 1-14 所示为对接和角接接头的焊缝形状以及各参数的意义。合理的焊缝形状要求 S,c,h 之间有适当的比例，生产中常用焊缝成形系数 $\phi=c/S$ 和余高系数 $\psi=c/h$ 来表征焊缝成形的特点。

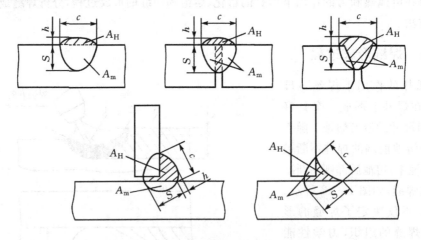

图 1-14　对接和角接接头的焊缝形状及尺寸

实际焊接时，在保证焊透（或达到足够焊缝厚度）的前提下焊缝成形系数大小应根据焊缝产生裂纹和气孔的敏感性确定。除此以外，理想的焊缝成形其表面应该是与焊件平齐的，即余高为零。但是理想的无余高又无凹陷的焊缝是不可能在焊后直接获得的，因此对于重要的角接构件，应该焊出余高后再打磨成凹形。还有一个重要的参数就是表征焊缝横截面形状的熔合比 $\gamma=A_{\mathrm{m}}/(A_{\mathrm{m}}+A_{\mathrm{H}})$。熔合比越大，焊缝的化学成分越接近母材本身的化学成分。显然焊件的坡口形式、焊接工艺参数都会影响焊缝的熔合比。所以在电弧焊工艺中，特别是焊接中碳钢、合金钢和有色金属时，调整焊缝的熔合比常常是控制焊缝化学成分、防止焊接缺陷和提高力学性能的重要手段。

1.4.3　焊接工艺参数对焊缝成形的影响

焊接工艺参数是指焊接时为保证焊接质量而选定的诸物理量的总称。一般包括焊接参数和工艺因数,通常对焊缝影响较大的焊接参数有:焊接电压、焊接电流、焊接速度、热输入等。其他的工艺参数如焊丝直径、电流种类与极性、电极和工件倾角、保护气等称为工艺因数。当然,工件的结构因数如坡口的形状、间隙、工件厚度等也会对焊缝成形造成一定的影响。

1. 焊接参数的影响

焊接参数是影响焊缝成形的主要工艺参数。焊接参数对焊缝厚度 S、焊缝宽度 c 和余高 h 的影响如图 1-15 所示。

(1)焊接电流　焊接电流主要影响焊缝有效厚度。在其他条件一定的情况下,焊接电流增大,焊缝的有效厚度和余高增加,而焊缝宽度几乎不变,焊缝成形系数减小。如图 1-15(a)所示。

(2)电弧电压　焊接电压主要影响焊缝宽度。在其他条件一定的情况下,随着焊接电压的增大,焊缝宽度显著增加,而焊缝的有效厚度和余高略有减小。如图 1-15(b)所示。

(3)焊接速度　焊接速度的大小主要影响母材的热输入量。在其他条件一定的情况下,提高焊接速度,单位长度焊缝的热输入量及焊丝金属的熔敷量都减小,焊缝的有效厚度、焊缝宽度和余高都减小。如图 1-15(c)所示。

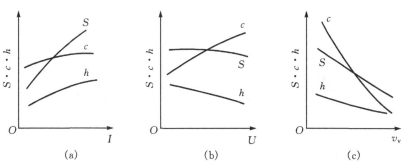

图 1-15　焊接参数对焊缝厚度 S、焊缝宽度 c 和余高 h 的影响
(a)焊接电流的影响;(b)电弧电压的影响;(c)焊接速度的影响

2. 工艺因数的影响

影响焊缝成形的工艺因数很多,这里只讨论焊接中具有共性的一些因数,在以后的学习中会继续介绍其他的工艺因数(如保护气、焊剂、焊条药皮等)。

(1)电流种类与方向　电流种类与极性对焊缝的影响与焊接方法有关。熔化极气体保护焊和埋弧焊采用直流反接时,焊件(阴极)产生的热量较多,焊缝厚度、焊缝宽度都比直流正接大。交流焊接时,焊缝厚度、焊缝宽度介于直流正接与交流反接之间。

(2)焊丝直径和伸出长度　当其他参数给定时,焊丝直径越细,电流密度越大,对焊件加热越集中,同时电磁收缩力增大,使得焊缝厚度、余高均增加。

焊丝伸出长度增加,电阻增大,电阻热增大,焊丝熔化速度加快,余高增加,焊缝厚度略微减小。焊丝电阻率越高、直径越细、伸出长度越长,这种影响越大。

(3)电极倾角　电弧焊时,根据电极倾斜方向和焊接方向的关系,分为电极前倾和电极后倾两种,如图 1-16 所示。电极前倾时,焊缝有效厚度、余高均减小。前倾角越小,这种现象越突出。

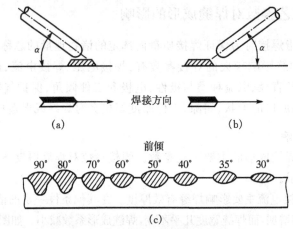

图 1-16　电极倾角对焊缝成形的影响

(a)后倾；(b)前倾；(c)前倾时倾角影响

(4)焊件倾角　实际焊接时，有时焊件摆放存在一定的倾斜，重力作用使熔池中的液态金属有向下流动的趋势，在不同的焊接方向产生不同的影响。上坡焊时，熔池金属在重力及电弧力的作用下流向熔池尾部，焊缝有效厚度和余高增大，焊缝宽度减小；下坡焊时，重力阻止金属流向熔池尾部，焊缝有效厚度减小，余高和焊缝宽度增大，如图 1-17 所示。

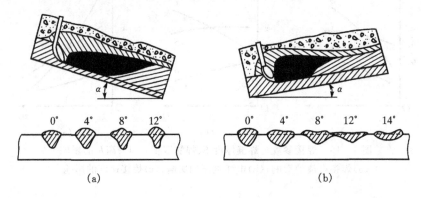

图 1-17　焊件倾角对焊缝成形的影响

(a)上坡焊；(b)下坡焊

3．结构因数的影响

焊件的结构因数通常指焊件的材料、厚度、焊件的坡口和间隙等。在一定的条件下，焊件的结构因数也会对焊缝成形造成影响。

(1)焊件材料和厚度　不同的焊件材料热物理性能不同。在相同条件下，导热性好的材料熔化单位体积金属所需的热量多，在热输入量一定时，它的焊缝厚度和焊缝宽度就小。焊件材料的密度或液态黏度越大，电弧液态金属的排开越困难，焊缝有效厚度越小。其他条件相同时，工件厚度越大，散热越多，焊缝有效厚度和焊缝宽度越小。

(2)坡口和间隙　一般对接形式焊接薄板时不需留间隙，也不需要开坡口；板厚较大时，为了焊透工件需要留一定间隙或开坡口,此时余高和熔合比随坡口或间隙尺寸的增大而增大,如图 1-18 所示。焊接时常常采用开坡口的方法来控制余高和熔合比。

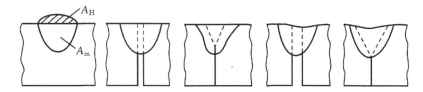

图 1-18 工件的坡口和间隙对焊缝成形的影响

总之,影响焊接成形的因素很多,要想获得良好的焊缝成形,需要根据焊件的材料和厚度、焊缝的空间位置、接头形式、焊件工作条件、对接头性能和焊缝尺寸要求等,选择合适的焊接方法和焊接工艺参数,否则就可能造成焊缝的成形缺陷。

1.4.4 焊缝成形缺陷的产生及防止

由于焊接方法、焊接材料及焊接工艺等因素的影响,会产生不同类型的缺陷。其中气孔、夹渣、裂纹等缺陷主要受冶金因素的影响,这里主要讲述因焊接参数选择不当造成的焊缝成形缺陷。

1. 焊缝外形尺寸不符合要求

焊缝外形尺寸不符合要求的主要现象有焊缝表面高低不平、焊缝波纹粗劣、纵向宽度不均匀、余高过高或过低等,如图 1-19 所示。产生焊缝尺寸不符合要求的可能原因有坡口角度不当、装配间隙不均匀、焊接参数选择不当、操作人员技术不熟练等。为防止上述缺陷,应该严格按照设计规定进行施工,正确选择坡口角度、装配间隙及焊接参数,并且培训焊工熟练掌握焊接操作技术。

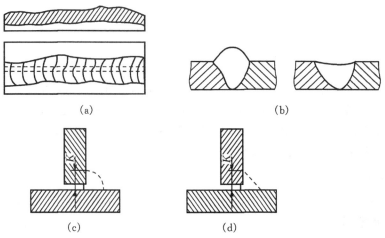

(a)   (b)

(c)   (d)

图 1-19 不符合要求的焊缝外形尺寸

(a)焊缝高低不平、宽度不均、波形粗劣;(b)余高过高或过低;

(c)余高大;(d)过渡不圆滑

2. 咬边

咬边现象（如图 1-20 所示）是由于焊接参数选择不当，或操作方法不正确，沿焊趾的母材部位产生的沟槽或凹陷。咬边产生的原因可能是采用大电流高速焊接或焊角焊缝时一次焊接的焊脚尺寸过大，电压过高或者焊枪角度选择不当等。为了避免咬边现象的发生要正确选择焊接参数、熟练掌握焊接操作技术。

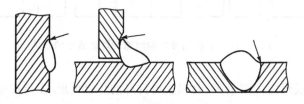

图 1-20　咬边

3. 未焊透和未熔合

焊接接头根部在焊接时未完全熔透的现象称为未焊透，焊道与母材之间或焊道与焊道之间未能完全熔化结合的现象称为未熔合。如图 1-21 所示。这种现象的产生可能是焊接电流过小、焊速过高、坡口尺寸不合适及焊丝偏离焊缝中心或受到磁偏吹影响等原因。采取的相应对策是正确选择焊接参数、坡口形式及装配间隙，并确保焊丝对准焊缝中心。同时注意坡口两侧及焊道层间的清理，使熔敷金属与母材金属之间充分熔合。

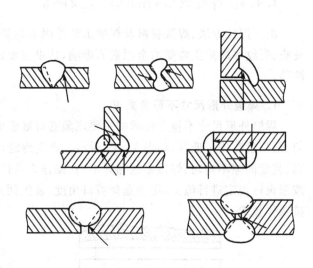

图 1-21　未焊透和未熔合

4. 焊瘤

在焊接过程中，熔化的金属流淌到焊缝之外未熔化的母材上所形成的金属瘤称为焊瘤，如图 1-22 所示。生成焊瘤的可能原因是填充金属量过多、焊接速度慢、电弧电压过低、电流过大、焊丝直径过长等。采取的相应措施是尽量使焊缝处于水平位置，焊接速度不宜过低，焊丝直径不宜过大，注意坡口及弧长的选择等。

5. 焊穿及塌陷

焊缝上形成穿孔的现象称为焊穿；熔化的金属从焊缝背面漏出，使焊缝正面下凹、背面凸起的现象称为塌陷，如图 1-23 所示。形成焊穿或塌陷的可能原因是焊接电流过大、焊接速度过小或坡口间隙过大等。在气体保护焊时，气体流量过大也可能导致焊穿。采取的措施是尽量使焊接电流与焊接速度配合恰当。电流较大选择焊接速度就大些，同时严格控制工件的装配间隙。气体保护焊时还要注意气体流量不宜太大，以免造成切割效应。

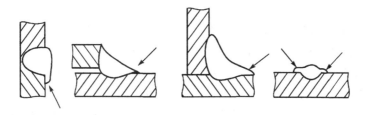

图 1 - 22　焊瘤

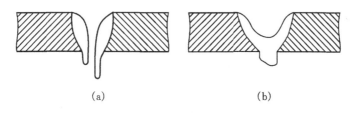

(a)　　　　　　　　　　　　　　　(b)

图 1 - 23　焊穿及塌陷
(a)焊穿；(b)塌陷

1.5　焊接方法的安全技术

很多焊接方法在焊接过程中都会产生一些有害气体、焊接烟尘、弧光辐射、焊接热源(电弧、气体火焰)的高温、高频磁场、噪声和射线等。并且人们在焊接时可能要与电、可燃及易爆的气体、易燃液体、压力容器等接触,如果焊工不熟悉有关焊接方法的安全特点,不遵循各焊接方法的安全操作规程,就容易引起触电、眼睛被弧光伤害、烧伤或烫伤、火灾、爆炸、中毒、窒息等事故,因此焊接前加强安全教育、落实安全措施是非常必要的。

1.5.1　预防触电的安全技术

触电是大部分焊接方法焊接操作的主要危险因素,我国目前生产的焊条电弧焊机的空载电压限制在 90 V 以下,工作电压为 25～40 V;埋弧焊机的空载电压为 70～90 V;电渣焊机的空载电压一般是 40～65 V;氩弧焊、CO_2 气体保护电弧焊机的空载电压是 65 V 左右;等离子弧切割机的空载电压高达 300～450 V。所有焊机工作的供电电压为 380 V/220 V,50 Hz 的交流电压,都超过安全电压(一般干燥情况为 36 V,高空作业或特别潮湿场所为 12 V),触电危险是比较大的,必须采取措施预防触电。

①熟悉和掌握有关焊接方法的安全特点、有关电的基本知识、预防触电及触电后急救方法等知识,严格遵守有关部门规定的安全措施,防止触电事故发生。

②遇到焊工触电时,切不可赤手去拉触电者,应先迅速将电源切断,如果切断电源后触电者呈昏迷状态,应立即施行人工呼吸,并送医院救治。

③在光线暗的场地、容器内操作或夜间工作时,使用的工作照灯的安全电压应不大于 36 V,高空作业或特别潮湿场所,安全电压不超过 12 V。焊工的工作服、手套、绝缘鞋应保持

干燥。

④在潮湿的场地工作时,应用干燥的木板或橡胶板等绝缘物作垫板。当电焊设备与网路接通时,人体不应接触带电部分,检修时要切断电源后进行。

⑤焊工在拉、合电源闸刀或接触带电物体时,必须单手进行,因为双手操作电源闸刀或接触带电物体时,如发生触电,电流会通过人体心脏形成回路,造成触电者死亡。

⑥在容器、船舱内或其他狭小工作场所焊接时,必须两人轮换操作,其中一人留守在外面监护,发生意外时,立即切断电源进行急救。

⑦焊接导线必须有良好的绝缘外皮,焊机外壳必须接地或接零。

1.5.2　预防火灾和爆炸的安全技术

电弧焊、气焊、火焰钎焊等,由于电弧及气体火焰的温度很高并产生大量的金属火花飞溅,而且在焊接过程中还可能会与可燃及易爆的气体、易燃的液体、可燃的粉尘或压力容器等接触,都有可能引起火灾甚至爆炸。因此焊接时,必须防止火灾及爆炸事故的发生。

①焊接前要认真检查工作场地周围是否有易燃、易爆物品(如棉纱、油漆、汽油、煤油、木屑等),如有,应使这些物品距离焊接工作地 10 m 以外。

②在焊接作业时,应注意防止金属火花飞溅而引起火灾。

③严禁设备在带压时焊接或切割,带压设备一定要先解除压力(卸压),并且焊割前必须打开所有孔盖。未卸压的设备严禁操作,常压而密闭的设备也不许进行焊接与切割。

④凡被化学物质或油脂污染的设备都应清洗后再焊接或切割。如果是易燃、易爆或者有毒的污染物,更应彻底清洗,经有关部门检查,并填写动火证后,才能焊接与切割。

⑤在进入容器内工作时,焊、割炬应随焊工同时进出,严禁将焊、割炬放在容器内而焊工擅自离去,以防混合气体燃烧和爆炸。

⑥焊条头及焊后的焊件不能随便乱扔,要妥善管理,更不能扔在易燃、易爆物品的附近,以免发生火灾。

⑦离开施焊现场时,应关闭气源、电源,将火种熄灭。

1.5.3　预防焊接方法有害因素的安全技术

焊接过程中产生的有害因素有:有害气体、焊接烟尘、电弧辐射、高频磁场、噪声和射线等。各种焊接方法焊接过程中产生的有害因素见表 1－6。

1. 焊接烟尘

焊接金属烟尘的成分很复杂,焊接黑色金属材料时,烟尘的主要成分是铁、硅、锰,焊接其他金属材料时,烟尘中有铝、钼等,其中主要有毒物是锰。使用碱性低氢型焊条时,烟尘中含有极毒的可溶性氟。焊工长期吸这些烟尘,会引起头痛、恶心,甚至引起焊虹尘肺(肺尘埃沉着病)及锰中毒等。

2. 有害气体

在各种焊接方法焊接过程中,焊接区都会产生或多或少的有害气体。特别是电弧焊中,在焊接电弧的高温和强烈的紫外线作用下,产生有害气体的程度尤甚。产生的有害气体主要有臭氧、氮氧化物、一氧化碳和氟化氢等。这些有害气体被吸入体内会引起中毒,影响焊工健康。

表 1-6　焊接方法的有害因素

焊接方法	有害因素						
	弧光辐射	高频电磁场	焊接烟尘	有害气体	金属飞溅	射线	噪声
酸性焊条电弧焊	轻微		中等	轻微	轻微		
碱性焊条电弧焊	轻微		强烈	轻微	中等		
高效铁粉焊条电弧焊	轻微		最强烈	轻微	轻微		
碳弧气刨	轻微		强烈	轻微			轻微
电渣焊			轻微				
埋弧焊			中等	轻微			
实芯细丝 CO_2 焊	轻微		轻微	轻微	轻微		
实芯粗丝 CO_2 焊	中等		中等	轻微	中等		
钨极氩弧焊(铝、铁、铜、镍)	中等	中等	轻微	中等	轻微	轻微	
钨极氩弧焊(不锈钢)	中等	中等	轻微	轻微	轻微	轻微	
熔化极氩弧焊(不锈钢)	中等		轻微	中等	轻微		

对排出焊接烟尘和有害气体采取的有效措施是加强通风和加强个人防护,如带防尘口罩、防毒面罩等。

3. 弧光辐射

弧光辐射发生在电弧焊中,包括可见光、红外线和紫外线。过强的可见光耀眼;红外线会引起眼部强烈的灼伤和灼痛,发生闪光幻觉;紫外线对眼睛和皮肤有较大的刺激性,引起电光性眼炎。在各种明弧焊、保护不好的埋弧焊等过程中都会形成弧光辐射。弧光辐射的强度与焊接方法、工艺参数及保护方法等有关。CO_2 焊弧光辐射的强度是焊条电弧焊的 2～3 倍,氩弧焊是焊条电弧焊的 5～10 倍,而等离子弧焊割比氩弧焊更强烈。

防护弧光辐射的措施主要是根据焊接电流来选择面罩中的滤光镜片,滤光镜片遮光号的选用如表 1-7 所示。其次,在厂房内和人多的区域进行焊接时,尽可能地使用防护屏,避免周围人受弧光伤害,弧光防护屏如图 1-24 所示。

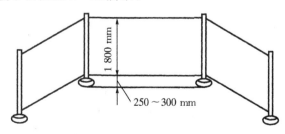

图 1-24　弧光防护屏

表 1-7 面罩滤光镜片遮光号的选用

焊接、切割方法	滤光镜片遮光号			
	焊接电流/A			
	≤30	30~75	75~200	200~400
电弧焊	5~6	7~8	8~10	11~12
碳弧气刨	—	—	10~11	12~14
焊接辅助工	3~4			

4. 高频电磁场

当交流电的频率达到每秒振荡 10~3 000 万次时,它周围形成的高频率电场和磁场称为高频电磁场。等离子弧焊割、钨极氩弧焊采用高频振荡器引弧时,会形成高频电磁场。焊工长期接触高频电磁场,会引起神经功能紊乱和神经衰弱。防止高频电磁场的常用方法是将焊枪电缆和地线用金属纺织线屏蔽。

5. 射线

射线主要是指等离子弧焊割、钨极氩弧焊的钍产生的放射及电子束焊的 X 射线。防护主要用屏蔽来减少泄漏。

6. 噪声

在焊接过程中,噪声危害突出的焊接方法是等离子弧割、等离子喷涂以及碳弧气刨,其噪声声强达 130 dB 以上。强烈的噪声可以引起听觉障碍、耳聋等症状。防噪声的常用方法是带耳塞和耳罩。

1.5.4 特殊环境焊接的安全技术

所谓特殊环境,是指在一般工业企业正规厂房以外的地方,例如高空、野外、容器内部进行的焊接等。无论何种焊接方法,在这些地方焊接时,除遵守上面介绍的一般规定外,还要遵守一些特殊的规定。

1. 高处焊接作业

焊工在距基准面 2 m 以上(包括 2 m)有可能坠落的高处进行焊接作业称为高处(登高)焊接作业。

①患有高血压、心脏病等疾病与饮酒人员,不得进行高处焊接作业。

②高处作业时,焊工应系安全带,地面应有人监护(或两人轮换作业)。

③在高处作业时,登高工具(如脚手架等)要牢固可靠,焊接电缆线等应扎紧在固定地方,不应缠绕在身上或搭在背上工作。不应采取可燃物(如麻绳等)作固定脚手架、焊接电缆线和气割用气皮管的材料。

④乙炔瓶、氧气瓶、弧焊机等焊接设备器具应尽量留在地面上。

⑤雨天、雪天、雾天或刮大风(六级以上)时,禁止高处作业。

2. 容器内焊接作业

①进入容器内部前,先要弄清容器内部的情况。

②容器和外界联系的部位都要进行隔离和切断,如电源和附带在设备上的水管、料管、蒸汽管、压力管等均要切断并挂牌。如容器有污染物,应进行清洗并经检查确认无危险后,才能进入内部焊接。

③进入容器内部焊接要实行监护制,派专人进行监护。监护人不能随意离开现场,并与容器内部的人员经常取得联系,如图 1-25 所示。

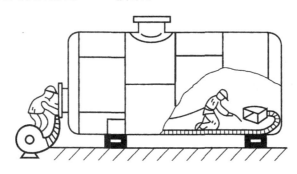

图 1-25　容器内工作时采取的监护措施

④在容器内焊接时,内部尺寸不应过小,应注意通风排气工作。通风应用压缩空气,严禁使用氧气通风。

⑤在容器内部作业时,要做好绝缘防护工作,最好垫上绝缘垫,以防止触电等事故。

3. 露天或野外作业

①夏季在露天工作时,必须有防风雨棚或临时凉棚。

②露天作业时应注意风向,防止吹散的铁水及焊渣伤人。

③雨天、雪天或雾天时不准露天作业。

④夏天露天气焊、气割时,应防止氧气瓶、乙炔瓶直接受烈日曝晒,以免气体膨胀发生爆炸。冬天如遇瓶阀或减压器冻结时,应用热水解冻,严禁火烤。

复习思考题

1. 什么是焊接电弧?
2. 简述焊接电弧的特点及其分类。
3. 焊接方法的新发展主要体现在哪个方面?
4. 焊接方法的热源有哪些?
5. 什么叫气体电离?它是如何产生的?
6. 影响熔滴过渡的力有哪几种?它们在焊接过程中的作用如何?
7. 熔滴过程的形式有哪几种?影响熔滴大小的因素有哪些?
8. 影响电弧稳定燃烧的因素有哪些?
9. 焊缝成形的缺陷及采取的措施有哪些?

第2章 焊条电弧焊

【目的】

1.了解焊条电弧焊的设备和常用工具。

2.掌握焊条电弧焊的操作技术。

【要求】

了解:焊条电弧焊设备,具备一定的常用电弧焊机知识。

掌握:1.焊条电弧焊的原理及特点。

2.焊接接头形式、坡口和焊缝的形式。

3.焊条电弧焊所用工具和基本操作技术。

理解:理解焊接工艺参数的选择。

焊条电弧焊是工业生产中应用最广泛的焊接方法之一,它使用的设备简单、操作方便、灵活,适应在各种条件下的焊接,特别适合与形状复杂的焊接结构的焊接。因此,虽然焊条电弧焊劳动强度大、焊接生产率低,但仍然在国内外焊接生产中占据重要位置。同时,也是学习其它焊接方法的基础。

2.1 焊条电弧焊的原理及特点

焊接电弧焊是用手工操控焊条进行焊接的电弧焊方法,它的焊接回路如图2-1所示。由弧焊电源、电弧、焊钳、焊条、电缆和焊件组成。焊接电弧是负载,弧焊电源是为其提供电能的装置,焊接电缆则是连接电源与焊钳和焊件的元件。

2.1.1 焊条电弧焊的原理

焊条电弧焊是以焊条和焊件(被焊金属称为焊件或母材)作为两个电极,被焊金属称为焊件或母材。利用焊条与工件之间燃烧的电弧热熔化焊条端部和工件的局部,在焊条端部迅速熔化的金属以细小熔滴过渡到工件已经局部熔化的金属中,并与之融合一起形成熔池,随着电弧向前移动,熔池的液态金属逐步冷却结晶而

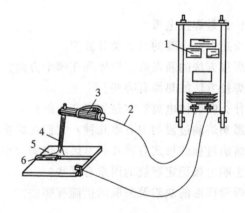

图2-1 焊条电弧焊焊接回路简图

1—弧焊电源;2—电缆;3—焊钳;4—焊条;5—焊件;6—电弧

形成焊缝,其原理如图 2-2 所示。

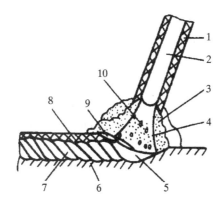

图 2-2　焊条电弧焊原理
1—药皮;2—焊芯;3—保护气;4—电弧;5—熔池;
6—母材;7—焊缝;8—焊渣;9—熔渣;10—熔滴

2.1.2　焊条电弧焊的特点

1.操作灵活、适应性强

焊条电弧焊设备简单,操作灵活方便,适应性强,可达性好,不受场地和焊接位置的限制。平、横、立、仰各种位置以及不同的厚度、结构形式一般都能施焊,这些都是焊条电弧焊被广泛应用的重要原因。

2.可焊金属材料广

除难熔或极易氧化的金属外,大部分工业用的金属如碳钢、低合金钢、耐热钢、低温钢和不锈钢等均能用电弧焊接。

3.待焊接接头装配要求低

由于焊接过程由焊工控制,可以适时调整电弧位置和运条手势,修正焊接规范,以保证跟踪接缝和均匀熔透。因此,对焊接接头的装配尺寸要求相对降低。

4.熔敷速度低、焊接生产率低

手工电弧焊和其他电弧焊方法相比,焊接工艺参数选择范围小。因为使用的焊接电流小、每焊完一根焊条后必须更换焊条并清渣而停止焊接等因素,所以熔敷速度低,生产率低。

5.焊缝质量依赖性强、对焊工技术要求高

虽然焊接接头的力学性能可以通过选择与母材性能相当的焊条来满足,但焊缝质量在很大程度上依赖于焊工的操作技能及现场发挥,甚至焊工施焊过程中的精神状态也会影响焊缝质量。

2.1.3　焊条电弧焊的适用范围与局限性

1.可焊工件厚度范围

1 mm 以下的薄板不宜用焊条电弧焊,采取坡口多层焊的厚度虽不受限制,但效率低,填

充金属量大,其经济性下降,所以一般大多用在厚度为 3~4 mm 的钢板之间。

2. 可焊金属范围

可焊的金属有:碳钢、低合金钢、不锈钢、耐热钢、铝、铜及其合金;可焊但可能需预热、后热或两者兼用的金属有:铸铁、高强度钢、淬火钢等;不能焊的金属主要有:低熔点金属、难熔金属和活性金属等。

结构复杂的产品,在结构上具有很多短的或不规则的、具有各种空间位置及其他不易实现机械化或自动化焊接的焊缝,最适宜用焊条电弧焊;单件或小批量的焊接产品多采用焊条电弧焊;安装或修理部门中因焊接位置不定,焊接工作量相对较小的工件,宜采用焊条电弧焊。

3. 应用范围

可用于造船、锅炉及其压力容器、机械制造、建筑结构、化工设备等制造维修业中。

2.2　焊条电弧焊的设备及工具

焊条电弧焊的设备和工具有弧焊电源、焊钳、面罩、焊条和保温筒,此外还有敲渣锤、钢丝刷等手工工具及焊缝检验尺等辅助器具。其中最主要、最重要的设备是弧焊电源即电焊机。按产生电流种类不同,这种电源可分为弧焊变压器(交流)、直流弧焊发电机及弧焊整流器(直流)。主要作用就是为焊接电弧提供稳定燃烧所需要的合适电流和电压。

2.2.1　对弧焊电源的要求

弧焊电源(即电焊机)是用来对焊接电源提供电能的专门设备。为满足焊接工作的需要,弧焊电源应具有一定的空载电压、短路电流和一定的外特性、动特性及调节特性。

1. 对弧焊电源空载电压的要求

当弧焊电源接通电网而输出端没有负载时,焊接电流为零,此时输出端的电压称为弧焊电源的空载电压。空载电压高,引弧容易,电源燃烧稳定;空载电压太低,引弧将发生困难,电弧燃烧也不稳定。但空载电压高,意味着设备体积大、质量大、耗费的材料也多,而且功率因数低,使用和制造都不经济。空载电压高也不利于焊工人身安全。综合考虑以上因素,在确保引弧容易、电弧稳定的条件下空载电压应尽可能低。GB/T 8118—1995 规定的空载电压规定值见表 2-1。

表 2-1　弧焊电源的空载电压规定值

电源类型	弧焊变压器	弧焊整流器	弧焊发电机
最大空载电压/V	80	90	100

2. 对弧焊电源短路电流的要求

当电极和焊件短路时,弧焊电源的输出电流称为短路电流。在引弧和熔滴过渡时,经常发生短路,短路电流一般应稍大于焊接电流,这将有利于引弧。但短路电流过大,会引起焊接飞溅,电源易过载。一般情况下,短路电流为焊接电流的 1.25~2.0 倍较为合适。

3. 对弧焊电源外特性的要求

弧焊时,弧焊电源与电弧组成一个供电和用电系统。在电源内部参数一定的条件下,电源

的输出电压 U 与输出电流 I 之间的关系曲线称为电源的外特性曲线。为保证电弧的稳定燃烧，必须使弧焊电源外特性曲线的形状与电弧静特性曲线的形状作适当的配合。

弧焊电源的外特性分为若干种，如图 2-3 所示，可供不同的弧焊方法及工作条件选用。电弧焊时电弧稳定燃烧的条件有两个，一是电源外特性曲线与电弧静特性曲线相交；二是在交点处电弧静特性曲线的斜率必须大于电源外特性的斜率。

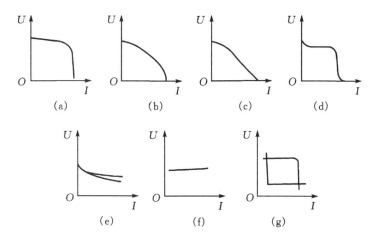

图 2-3　弧焊电源的几种外特性曲线

(a)垂直陡降特性(恒流特性)；(b),(c)缓降特性；(d)恒流带外拖特性；

(e)平特性(恒压特性)；(f)上升特性；(g)双阶梯特性

焊条电弧焊时一般工作在电弧静特性曲线的平特性段。由于焊条电弧焊时弧长不断变化，常配用陡降外特性曲线的电源。当弧长变化相同量时，陡降特性电源的焊接电流变化不大，所以有利于焊接电流的稳定，如图 2-4 所示。而且采用的陡降外特性的电源在遇到干扰时，焊接电流恢复到稳定值的时间较缓降的短，进一步提高了电弧稳定性。所以焊条电弧焊电源常配用具有陡降外特性的电源。

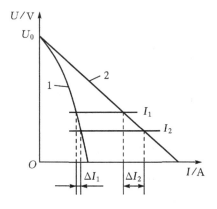

图 2-4　外特性形状对电流稳定性的影响

1—陡降外特性曲线；2—缓降外特性曲线

　　垂降外特性能克服由于弧长波动所引起的电流变化,但其短路电流过小,不利于引弧。近年来国内外一些电弧机厂已研制出一种具有外拖特性的手工焊电源,其特性如图 2-3(d)所示。在正常电弧电压范围内,弧长变化时焊接电流保持不变。当电弧电压低于拐点电压值时,外特性曲线向外倾斜,焊接电流变大,增大了熔滴过渡的推力。由于短路电流也相应增大,有利于引燃电弧。这被认为是最理想的手工焊电源外特性。

4. 对电源调节特性的要求

　　焊接时,应根据焊件的材质、厚度、坡口形式和接头位置,以及焊条类型和直径等不同情况选择不同的焊接参数。焊接电流和电弧电压是由电弧静特性和电源外特性的交点决定的。当焊接工艺确定了某一电弧长度,就有一条相对应的电弧静特性曲线。假如电源外特性不可调,那么它与电弧静特性只有一个交点(稳定工作点),即只有一组焊接规范参数(U, I)。如果要使焊接电流在一定范围内连续可调,就要求弧焊电源具有可均匀调节的外特性曲线,以便和电弧静特性曲线相交,得到一系列稳定工作点。

　　使用小电流焊接时,由于引弧时的电子热发射能力弱,需要较高的空载电压才能引燃电弧。交流电弧焊时,为使电弧能稳定燃烧,需要较高的空载电压。当使用大电流焊接时,弧柱温度高,易于电离,因而空载电压可适当降低。合理的弧焊电源的调节特性如图 2-5 所示。

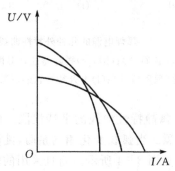

图 2-5　合理的电源调节特性

5. 对弧焊电源动特性的要求

　　所谓弧焊电源的动特性,是指负载发生瞬间变化时,其输出电流和电压对时间的关系。熔化极电弧焊过程中,金属熔化形成熔滴向熔池过渡,由此引起弧长频繁的变化,还可能造成电弧短路。因此,焊接过程中电弧电压、电流是不断地变化的。电弧的这种动负载特性,要求弧焊电源具有良好的动特性。

2.2.2　弧焊电源的型号与主要技术参数

　　根据弧焊电源的结构原理不同,将弧焊电源分为交流弧焊电源、直流弧焊电源和逆变式弧焊电源;按电源性质可分为直流电源和交流电源。

1. 弧焊电源的型号

　　我国弧焊电源型号按照 GB 10249—88 标准规定编制。弧焊电源型号由汉语拼音字母及阿拉伯数字组成,其编排次序及各部分含义如图 2-6 所示。

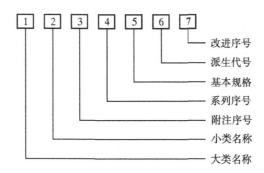

图 2-6　弧焊电源型号的各项编排次序

　　型号中 1,2,3,6 项用汉语拼音字母表示;4,5,7 项用阿拉伯数字表示。型号中 3,4,6,7
项不用时,其他各项排紧。

　　①第一项,大类名称:B 表示弧焊变压器;Z 表示弧焊整流器;A 表示弧焊发电机。

　　②第二项,小类名称:X 表示下降特性;P 表示平特性;D 表示多特性。

　　③第三项,附注特征:如 G 表示硅整流器。

　　④第四项,系列序号:区别同小类的各系列和品牌。弧焊变压器中"1"表示动铁系列,"3"
表示动圈系列;弧焊整流器中"1"表示动铁系列,"3"表示动圈系列,"5"表示晶闸管系列,"7"表
示逆变系列。

　　⑤第五项,基本规格:表示额定焊接电流。例如:

　　BX3—300——动圈系列的弧焊变压器,具有下降外特性,额定焊接电流为 300A;

　　ZX5—400——晶闸管系列弧焊整流器,具有下降外特性,额定焊接电流为 400A。

2. 弧焊电源的主要技术参数

　　每台弧焊电源设备上都有金属铭牌,上面标有弧焊电源的主要技术指标。在没有使用说
明书的情况下,它是弧焊电源可靠的原始参数,是安装、使用、维护等工作的参考。焊工应该看
懂标牌并理解各项技术指标的意义。

　　焊接电源工作时会发热,温升过高会使绝缘损坏而烧毁。温升一方面与焊接电源提供的
焊接电流大小有关,同时也与焊接电源使用状态有关。断续使用与连续使用的情况是不一样
的,在焊接电流相同情况下,长时间连续焊接时温升高,间断焊接时,温升就低。所以为保证弧
焊电源温升不超过允许值,连续焊接时电流要用得小一些;断续焊接时,电流可用得大一些,即
根据弧焊电源的工作状态确定焊接电流调节范围。负载持续率就是用来表示弧焊电源工作状
态的参数。负载持续率等于工作周期中弧焊电源有负载的时间所占的百分数。

$$负载持续率 = \frac{工作周期中弧焊电源有负载的时间}{选定的工作时间周期} \times 100\%$$

　　我国标准规定,对于容量 500 A 以下的弧焊电源,以 5 分钟为一个工作周期计算负载持续
率。例如,在 5 分钟内负载的时间为 3 分钟,那么负载持续率即为 60%。对于一台弧焊电源
来说,随着实际焊接(负载)时间的增多,间歇时间减小,那么负载持续率便会不断提高,弧焊电
源就会很容易发热、升温、甚至烧毁。因此,焊工必须按照规定的额定负载持续率使用。

2.2.3　常用焊条电弧焊机简介

目前,我国生产的焊条电弧焊机主要有三大类:弧焊变压器、弧焊整流器和弧焊逆变器。

1. 弧焊变压器

弧焊变压器一般也称为交流弧焊机,是生产中应用最广的一种交流焊机。它是一台特殊的降压变压器,与普通电力变压器相比区别在于:为了保证电弧引燃并能稳定燃烧和得到陡降的外特性,常用的交流弧焊变压器必须具有较大的漏感,而普通变压器的漏感很小。根据增大漏感的方式和其结构特点,这类交流弧焊变压器有动铁芯式、动绕组式和抽头式等类型。图2-7为BX3—300型弧焊变压器。

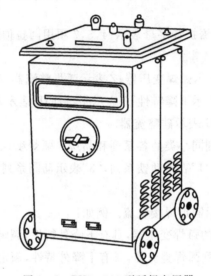

图2-7　BX3—300型弧焊变压器

2. 弧焊整流器

弧焊整流器是一种将交流电经过变压,整流转换成直流电的焊接电源。采用硅整流元件的称为硅弧焊整流器;采用晶闸管整流的称为晶闸管弧焊整流器。晶闸管弧焊整流器以其优异的性能正逐步代替弧焊发电机和硅弧焊整流器,是目前主要的直流弧焊电源。

(1)硅弧焊整流器　硅弧焊整流器是把交流电源经过降压和硅二极管的桥式全波整流获得直流电的直流弧焊电源。型号有ZXG—160,ZXG—400等。硅弧焊整流器的组成如图2-8所示。

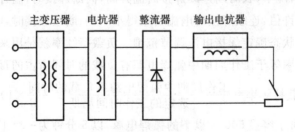

主变压器　　电抗器　　整流器　　输出电抗器

图2-8　硅弧焊整流器的组成

(2)晶闸管弧焊整流器　晶闸管弧焊整流器采用晶闸管整流,电源效率高,单位容量耗材小,省电,动特性良好,电网电压波动时,可通过补偿电流使焊接电流稳定(当电网电压在±10%范围内波动时,焊接电流的变化<±3%),是我国重点推广的节能晶闸管整流器。常见的国产型号有 ZX5—250,ZX5—400,ZX5—630 等。表 2-2 列出了国产 ZX5 系列晶闸管整流器技术参数。ZX5—400 晶闸管弧焊整流器外形如图 2-9 所示。

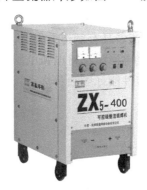

图 2-9　ZX5—400 型晶闸管弧焊整流器外形

表 2-2　晶闸管弧焊整流器和弧焊逆变器技术参数

产品型号	额定输入容量/kW	一次侧电压/V	工作电压/V	额定焊接电流/A	焊接电流调节范围	负载持续率/%	质量/kg	主要用途
ZX5—250	14	380	21~30	250	25~250	60	150	用于焊条电弧焊
ZX5—400	24	380	21~36	400	40~400	60	200	用于焊条电弧焊
ZX7—250	9.2	380	30	250	50~250	60	35	用于焊条电弧焊或氩弧焊
ZX7—400	14	380	36	400	50~400	60	70	用于焊条电弧焊或氩弧焊

3. 弧焊逆变器

弧焊逆变器是一种新型的弧焊电源。图 2-10 所示为弧焊逆变器的基本原理方框图。逆变弧焊电源通常都采用三相交流电源供电。380 V 交流电经三相全波整流后变成 600 Hz 的高压脉动直流电,经滤波变频后变成几百赫兹到几十千赫兹的中频高压交流电,再经中频变压器降压,整流后变成低压直流电。通过这一系列逆变过程,实现了整机闭环控制,改善了焊接性能。

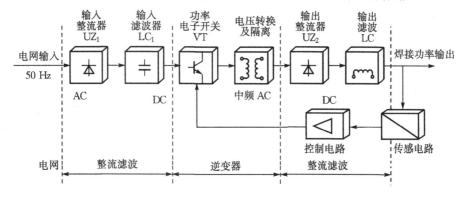

图 2-10　弧焊逆变器的基本原理方框图

弧焊逆变器高效节能,效率可达 80%～90%,功率因数可提高到 0.99,空载损耗小,因此是一种节能效果极为显著的弧焊电源;重量轻、体积小、整机重量仅为传统弧焊电源的 1/10～1/5,体积也只有传统弧焊电源的 1/3 左右;具有良好的动特性和焊接工艺性能。我国生产的弧焊逆变器有 ZX7 系列产品,常用国产 ZX7 系列弧焊逆变器的技术参数见表 2-2。

综上所述,弧焊变压器的优点是结构简单、使用可靠、维修容易、成本低、效率高,其缺点是电弧稳定性差、功率因数低;弧焊整流器具有制造方便、价格低、空载损耗小、噪音低等优点,而且大多可以远距离调节,能自动补偿电网波动对电弧电压、焊接电流的影响。弧焊逆变器具有高效节能、体积小、功率因数高、焊接性能好等独特优点,是一种最有发展前途的普及型焊条电弧焊机。

2.2.4 焊条电弧焊常用工具

1. 焊钳

焊条电弧焊时,用以夹持焊条进行焊接的工具称为焊钳,俗称电焊把(见图 2-11)。除了夹持焊条作用外,还起着传导焊接电流的作用。对焊钳的要求是导电性能好、外壳绝缘、重量轻、装换焊条方便、夹持牢固和安全耐用等,有 300 A 和 500 A 两种规格。

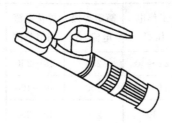

图 2-11　焊钳

2. 面罩与护目镜

面罩是防止焊接时的飞溅、弧光及其他辐射对焊工面部及颈部损伤的一种遮蔽工具,有手持式、头盔式和光控式三种,见图 2-12。对面罩的要求是质轻、坚韧、绝缘性和耐热性好。

面罩正面安装有护目滤光片,即护目镜,起减弱弧光强度、过滤红外线和紫外线以保护焊工眼睛的作用。颜色有深浅之分,黑玻璃按照亮度的深浅分为 6 个型号(7～12 号),号数越大,色泽越深。应根据焊接电流大小和焊接方法以及焊工的年龄与视力情况选用,常用 9～10号。目前还有应用现代微电子和光控技术研制的光控面罩,在弧光产生的瞬间自动变暗;弧光熄灭的瞬间自动变亮,非常有利于焊工的操作。

3. 焊条保温筒

焊条保温筒是装载已烘干的焊条,且能保持一定温度以防止焊条受潮的一种筒形容器。有立式和卧式两种,内装焊条 2.5～5 kg,焊工可随身携带到现场,随用随取。用碱性低氢型焊条焊接重要结构,如压力容器等产品时,焊工每人应配备一个,如图 2-13 所示。

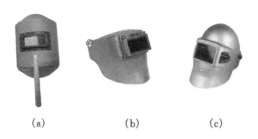

图 2-12　焊工面罩
(a)手持式；(b)头盔式；(c)光控式

图 2-13　焊条保温筒

4. 常用焊接手工工具

用于除锈、清渣的敲渣锤、錾子、钢丝刷、手锤等，如图 2-14 所示。

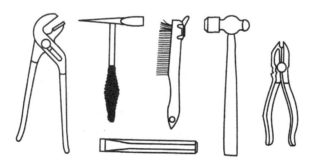

图 2-14　焊接手工工具

5. 夹具及变位器

夹具用于定位，防止焊接变形。变位器用于将工件上待焊焊缝置于更容易焊接的位置，以提高焊接质量及生产效率。

6. 气动打渣工具及高速角向砂轮机

用于焊后清渣，焊缝修整及坡口准备。

7. 焊缝接头尺寸检测器

用以测量坡口角度、间隙、错边、余高、焊缝宽度、角焊缝厚度等尺寸,由直尺、探尺和角度规组成,其外形和应用示意如图 2-15 所示。

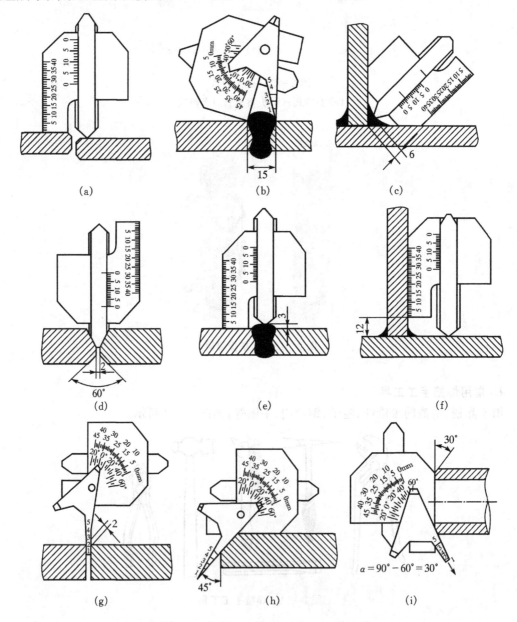

图 2-15　焊缝接头尺寸检测器及应用示意图

(a)测量错边;(b)测量焊缝宽度;(c)测量角焊缝厚度;(d)测量 X 形坡口角度;(e)测量焊缝余高;

(f)测量角焊缝焊脚尺寸;(g)测量焊缝间隙;(h)测量坡口角度;(i)测量管道坡口角度

2.3　焊条电弧焊工艺

2.3.1　焊接接头形式、坡口、焊件位置及焊前准备

1. 接头的基本形式

最适于焊条电弧焊的焊接接头有对接接头、搭接接头、T 形接头、角接接头等基本形式。如图所示 2-16 所示。设计或选用接头形式时,主要是根据产品结构特点和焊接工艺要求,并综合考虑承载条件、焊接可达性、焊接应力与变形以及经济成本等因素。

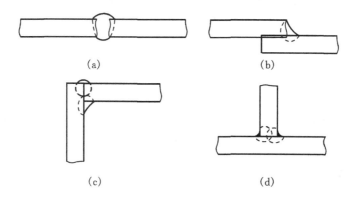

图 2-16　焊接接头的基本形式
(a)对接;(b)搭接;(c)角接;(d)T 形接

2. 焊缝坡口的基本形式

坡口是根据设计或工艺需要,将焊件的待焊部位加工成一定几何形状的经装配后构成的沟槽。预制坡口(俗称开坡口)的主要目的是为了保证焊缝根部焊透、保证焊接质量和连接强度,同时调整基本金属与填充金属的比例。焊条电弧焊焊缝坡口的基本形式和尺寸详见GB/T 985—1988。焊缝坡口的基本形式有 I 形坡口、Y 形坡口、X 形坡口、U 形坡口等,如图2-17所示。角接接头和 T 形接头的坡口形式如图 2-18 所示。

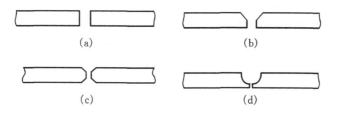

图 2-17　对接接头坡口的基本形式
(a)I形;(b)Y形;(c)X形;(d)带钝边 U 形

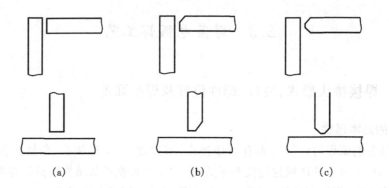

图 2-18　角接和 T 形接头的坡口

(a)I 形；(b)单边 V 形(带钝边)；(c)K 形(带钝边)

设计或选用坡口形式要综合考虑如下因素：

(1)达到设计所需的熔深和焊缝成形　这是保证焊接接头工作性能的主要因素。

(2)具有可达性　即焊工能按工艺要求自如地进行运条。

(3)有利于控制焊接变形和焊接应力　这是为了避免焊接裂纹和减少焊后矫正的工作量。

(4)经济性　要综合坡口加工费用和填充金属量消耗的大小。

3. 坡口的制备

坡口制备包括坡口形状的加工和坡口两侧的清理工作。根据焊件结构形式、板厚和材料的不同，坡口制备的方法也不同。常用的坡口加工方法有：

(1)剪切　用于 I 形坡口(即不开坡口)的薄钢板的边缘加工。

(2)刨削　用刨床或刨边机加工直边的坡口，能加工任何形状的坡口，加工后的坡口平直、精度高。薄钢板 I 形坡口的加工可以多层钢板叠在一起，一次刨削完成，提高效率。

(3)车削　圆管、圆柱体、圆封头或圆形杆件的坡口均可在车床上车削加工。

(4)专用坡口加工机加工　有平板直边坡口加工机和管接头坡口加工机，可分别加工平钢板边缘或管端的坡口。

(5)热切割　普通钢的坡口加工应用最广泛的是氧-乙炔火焰切割，不锈钢采用等离子弧切割。能切割各种角度的直边坡口和各种曲线状焊缝的坡口，尤其适用切割厚钢板。

(6)碳弧气刨　目前主要是用于多层焊背面焊根清理和开坡口。为了防止焊缝渗碳，焊前必须用砂轮对气刨的坡口表面进行打磨，以消除坡口表面渗碳层。

经坡口加工后的待焊边缘若受到油锈等污染，焊前须清除干净，常用方法有火焰烧烤或砂轮打磨等。

4. 焊件位置

熔焊时，焊件接缝所处的空间位置称为焊接位置。按焊缝在空间位置的不同可分为平焊、横焊、立焊和仰焊，如图 2-19 所示。

T 形、十字形和角接接头处于平焊位置进行的焊接称为船形焊，如图 2-20 所示。这种焊接位置相当于在 90°角 V 形坡口内的水平对接缝。

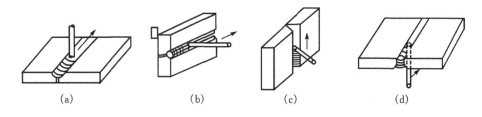

图 2-19　对接的焊接位置

(a)平焊位置；(b)横焊位置；(c)立焊位置；(d)仰焊位置

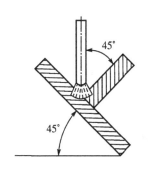

图 2-20　船形焊

5. 焊前准备

(1)焊条烘干　焊前对焊条烘干的目的是去除受潮焊条中的水分,减少熔池和焊缝中的氢,以防止产生气孔和冷裂纹。不同药皮类型的焊条,其烘干工艺不同。

(2)焊前清理　是指焊前对接头坡口及其附近(约 20 mm 内)的表面被油、锈、油漆和水分等污染的清除。用碱性焊条焊接时,清理要求严格和彻底,否则容易产生气孔和延迟裂纹。酸性焊条对锈不很敏感,若锈得较轻而且对焊缝质量要求不高时,可以不清理。

2.3.2　焊接工艺参数及选择

焊条电弧焊的工艺参数主要包括:焊条直径、焊接电流、电弧电压、焊接速度、焊接层数等。无论是何种焊接,焊接参数的选择是否得当直接影响焊缝的形状、尺寸、焊接质量和生产率,因此如何选择焊接参数是焊接生产中一个至关重要的问题。

1. 焊条直径

焊条直径大小对焊接质量和生产率影响很大,一般可按表 2-3 选择焊条的直径。为了提高生产率,在保证焊接质量的前提下应该尽可能选用大直径焊条。

表 2-3　焊条直径的选择　　　　　　　　　　　　　　　　　　　单位:mm

焊件厚度	≤1.5	2	3	4~5	6~12	≥12
焊条直径	1.5	2	3.2	3.2~4	4~5	4~6

需多层焊的接头,第一层焊缝应该选用小直径焊条,以后各层可以用大直径焊条以加大熔

深和提高熔敷效率。

在横焊、立焊和仰焊等位置焊接时,由于重力作用,熔化金属容易从接头中流出,应该选用小直径焊条,因为小的焊接熔池便于控制。

搭接接头、T形接头因不存在全焊透问题,所以应该选用较大的焊条直径以提高生产率。

2. 焊接电流种类和极性的选择

用交流电源焊接时,电弧稳定性差。采用直流电源焊接时,电弧稳定、柔顺、飞溅少,但是电弧磁偏吹较交流严重。比如低氢型焊条稳弧性差,通常必须采用直流弧焊电源;用小电流焊接薄板时,也常为了引弧容易、电弧稳定而采用直流弧焊电源。

在直流电弧焊或电弧切割时还要考虑到焊件与电源输出端的接法,具体有正接和反接两种。所谓正接就是焊件接电源的正极、焊条接电源负极的接线法,正接也称为正极性;反接就是焊件接电源负极,焊条接电源正极的接线法,反接也称为反极性,如图 2-21 所示。对于交流电源来说,由于极性是交变的,所以不存在正接和反接。

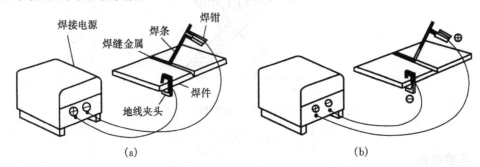

图 2-21　直流电弧焊正接与反接法
(a)直流电弧焊的正接;(b)直流电弧焊的反接

使用酸性焊条(如 E4303 等)焊接厚钢板时可采用直流正接,以获得较大的熔深;而在焊接薄钢板时则采用直流反接,可防止烧穿。使用碱性低氢型焊条(如 E5015 等)时,无论焊接厚板或薄板,均采用直流反接,这样能减少飞溅和气孔,并使电弧燃烧稳定。

3. 焊接电流

焊接电流大小要根据焊条类型、焊条直径、焊接厚度、接头形式、焊接位置等因素综合考虑。其中最主要的是焊条直径和焊接位置。有两种方法可以确定焊接电流

(1)经验公式　一般碳钢焊接结构根据焊条直径按下式来确定焊接电流。

$$I = kd$$

式中:I 为焊接电流,A;d 为焊条(即焊芯)直径,mm;k 为经验系数,可以按表 2-4 确定。

表 2-4　焊条直径与经验系数的关系

焊条直径/mm	$\phi1.6$	$\phi2\sim2.5$	$\phi3.2$	$\phi4\sim6$
k	20~25	25~30	30~40	40~50

根据上面经验公式计算出的焊接电流,只是大概的参考数值,在实际使用时还应该根据具体情况灵活掌握。例如使用不锈钢焊条时,为了减少焊条发红,焊接电流应该小一些。

(2)由焊接工艺试验确定　对于普通结构,利用经验公式确定焊接电流一般已经足够。但

是对于某些金属材料如合金钢焊接或重要的焊接结构如锅炉压力容器的焊接等,必须按焊接工艺评定合格后的工艺来确定焊接电流。

在相同焊条直径的条件下,平焊时焊接电流可以大些,其他位置焊接时焊接电流应该小些。在相同条件的情况下,碱性焊条使用焊接电流一般比酸性焊条小 10% 左右,否则容易产生气孔。

4. 电弧长度

焊条电弧焊中电弧电压不是焊接的重要参数,一般不需要确定。电弧电压由电弧长度来决定,电弧长则电弧电压高,反之则低。

电弧长度是焊条芯的熔化端到焊接熔池表面的距离。它的长短控制主要取决于焊工的知识、经验、视力和手工技巧。正常的弧长是小于或等于焊条直径,即所谓短弧焊。弧长超过焊条直径的为长弧焊,在使用酸性焊条时,为了预热待焊接部分或降低熔池的温度和加大熔宽,有时将电弧稍微拉长进行焊接。碱性低氢型焊条,应用短弧焊以减少气孔等缺陷。

5. 焊接速度

焊接过程中,焊接速度应该均匀适当,既要保证焊透又要保证不焊穿,同时还要使焊缝宽度和余高符合设计要求。焊接速度直接影响焊接生产率,所以应该在保证焊缝质量的基础上采用较大的焊条直径和焊接电流,同时根据具体情况适当加快焊接速度,以提高焊接生产率。

6. 焊接层数

厚板焊接常是开坡口采用多层焊或多层多道焊。层数增多对提高焊缝的塑性和韧性有利,因为后焊焊道对先焊焊道有回火作用,使热影响区域显微组织变细,尤其对易淬火钢效果明显。但是随着层数增多,生产效率下降,往往焊接变形也随之增加。层数过少,每层焊缝厚度过大,接头容易过热引起晶粒粗化,反而不利。一般每层厚度以不大于 5 mm 为好。

焊接层数主要根据焊件厚度、焊条直径、坡口形式和装配间隙来确定,可以作如下近似估算

$$n=\delta/d$$

式中:n 为焊接层数;δ 为焊件厚度;d 为焊条(即焊芯)直径,mm。

2.3.3　焊条电弧焊基本操作技术

1. 引弧

电弧焊时,引燃焊接电弧的过程叫做引弧。

焊接电弧焊通常使用的引弧方法是接触引弧法,根据操作手法的不同,又可分为直击引弧法和划擦引弧法。

(1)直击法　使焊条与焊件表面垂直地接触,当焊条的末端与焊件表面轻轻一碰,便迅速提起焊条,并保持一定距离,立即引燃电弧,如图 2 - 22 所示。操作时必须掌握好手腕上下动作的时间和距离,撞击力不宜过猛,否则会造成药皮成块脱落,导致电弧不稳,影响焊接质量。

(2)划擦法　类似于划火柴的动作,先将焊条末端对准焊件,然后将焊条在焊件表面划擦一下(划擦长度为 20 mm 左右,并应落在焊缝范围内),当电弧引燃后趁金属还没有开始大量熔化的一瞬间,立即使焊条末端与被焊表面维持在 2~4 mm 的距离内,电弧就能稳定地燃烧,如图 2 - 23 所示。操作时手腕顺时针方向旋转,使焊条端头与焊件接触后再离开。

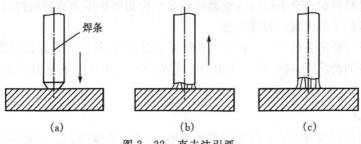

图 2-22　直击法引弧

(a)直击短路；(b)拉开焊条点燃电弧；(c)电弧正常燃烧

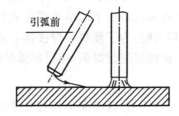

图 2-23　划擦法引弧

对初学者来说，划擦法易于掌握，但使用不当时，容易损坏焊件表面，特别是在狭窄的地方焊接或焊件表面不允许损伤时，就不如直击法好。但是初学者较难掌握直击法，由于手腕动作不熟练，无法掌握焊条离开焊件时的速度和距离，如果动作较快，焊条提得太高，就不能引燃电弧或电弧只燃烧一瞬间就熄灭。如果动作太慢，焊条提得太低，就可能使焊条与焊件粘在一起，造成焊接回路的短路现象。所以在引弧时手腕的动作必须灵活、准确，才能避免这些现象。

在引弧时如果焊条和焊件粘在一起，只要将焊条左右摇动几下就可以脱离焊件。如果这样还不能脱离焊件，就应立即放松焊钳，使焊接回路断开，待焊条稍冷后再拆下。如果焊条粘住焊件的时间过长，则会因为过大的短路电流烧坏电焊机，所以引弧时，手腕动作必须灵活和准确，而且要选择好引弧起始点的位置。

2. 运条

焊接过程中，焊条相对焊缝所做的各种动作的总称叫做运条。

焊接时，通过正确运条可以控制焊接熔池的形状和尺寸，从而获得良好的熔合和焊缝成形。运条过程有三个基本动作，如图 2-24 示，即送进动作、横摆动作和前进动作。

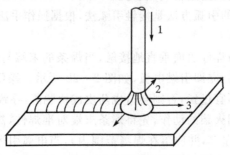

图 2-24　运条的基本动作

1—焊条送进；2—焊条摆动；3—沿焊缝移动

(1)前进动作　是使焊条沿自身轴线向熔池不断送进的动作。

(2)横摆动作　是使焊条端在垂直前进方向上不断送进的动作。

(3)送进动作　是使焊条端沿焊缝轴线方向向前移动的动作。

熟练的焊工能够根据焊接接头形式、焊缝位置、焊件厚度、焊条直径和焊接电流等情况,以及在焊接过程中根据熔池形状和大小的变化,不断变更和协调这三个动作,把熔池控制在所需要的形状和尺寸范围之内。运条的方法很多,常用的运条方法有:直线形运条法,直线往返形运条法,锯齿形运条法,月牙形运条法,三角形运条法,圆圈形运条法等。表 2-5 列出了常用的运条方式及其适用范围。

表 2-5　常用适条方式及其运用范围

运条方法		运条示意图	适用范围
直线形运条法			(1)3~5 mm 厚度,I形坡口对接平焊; (2)多层焊的第一层焊道; (3)多层多道焊
直线往返形运条法			(1)薄板焊; (2)对接平焊(间隙较大)
锯齿形运条法			(1)对接接头(平汉、立焊、仰焊); (2)角接接头(立焊)
月牙形运条法			同锯齿形运条法
三角形运条法	斜三角		(1)角接接头(仰焊); (2)对接接头(开 V 形坡口横焊)
	正三角		(1)角接接头(立焊); (2)对接接头
圆圈形运条法	斜圆圈形		(1)角接接头(平焊、仰焊); (2)对接接头(横焊)
	正圆圈形		对接接头(厚焊件平焊)
八字形运条法			对接接头(厚焊件平焊)

3. 焊缝的连接

由于受焊条长度的限制,焊缝前后两段出现连接接头是不可避免的,但焊缝接头应力求均匀,防止产生过高、脱节、宽窄不一致等缺陷。焊缝的连接有以下四种情况,如图 2-25 所示。

(1)中间接头　后焊的焊缝从先焊的焊缝尾部开始焊接,如图 2-25(a)所示。要求在弧坑前约 10 mm 的附近引弧,电弧长度比正常焊接时略长些,然后回移到弧坑。压低电弧,稍作摆动,再向前正常焊接。这种接头的方法是使用最多的一种,适用于单层焊及多层焊的表层接头。

(2)相背接头　两焊缝起头处相接。如图 2-25(b)所示。要求先焊焊缝起头处略低些,后焊焊缝必须在先焊焊缝始端稍前处引弧,然后稍拉长电弧将电弧逐渐引向前条焊缝的始端,并覆盖前条焊缝的端头,待焊平后,再向焊接方向移动。

（3）**相向接头**　是两条焊缝的收尾相接,如图 2-25(c)所示。当后焊的焊缝焊到先焊的焊缝收尾处时,焊接速度应稍慢些,填满先焊的焊缝的弧坑后,以较快的速度再向前焊一段,然后熄弧。

（4）**分段退焊接头**　先焊焊缝的起头和后焊焊缝的收尾相接。如图 2-25(d)所示。要求后焊的焊缝焊至靠近前条焊缝始端时,改变焊条角度,使焊条指向前条焊缝的始端,拉长电弧,待形成熔池后,再压低电弧往回移动,最后返回到原来熔池处收弧。

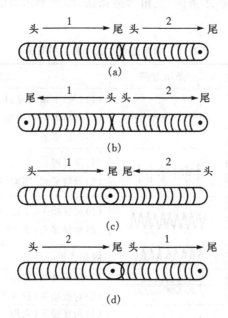

图 2-25　焊缝连接的四种情况

(a)中间接头；(b)相背接头；(c)相向接头；(d)分段退焊接头

1—先焊焊缝；2—后焊焊缝

接头连接得平整与否不仅和焊工操作技术有关,同时还和接头处的温度高低有关。温度越高,接头处越平整。因此中间接头处要求电弧中断的时间要短,换焊条动作要快。多层焊时,层间接头处要错开,以提高焊缝的致密性。除中间焊缝接头焊接时可不清理焊渣外,其余接头连接处必须先将焊渣打掉,必要时还可以将接头处先打磨成斜面后再接头。

4. 收尾(熄弧)

焊缝的收尾是指一条焊缝焊完后如何收弧。焊接结束后,如果将电弧突然熄灭,则焊缝表面留有凹陷较深的弧坑。为了克服弧坑缺陷,可以采用的收尾方法有:

①反复收尾法:在弧坑处反复熄弧、引弧数次,直到填满弧坑;

②划圈收尾法:在弧坑处做圆圈运动,直到填满弧坑,适用于厚板焊接;

③转移收尾法:在弧坑处稍作停留,将电弧慢慢拉长,引到焊缝边缘的母材坡口内。

复习思考题

1. 什么是焊条电弧焊？焊条电弧焊有哪些优缺点？
2. 焊条电弧焊的应用范围有哪些？
3. 对焊条电弧焊的设备有哪些要求？
4. 焊接接头的基本形式有哪些？
5. 试述如何正确选择焊条电弧焊的工艺参数。
6. 焊条的储存、保管和使用中应该注意哪些问题？
7. 焊条电弧焊的引弧、运条及收尾（熄弧）各有哪些方法？

第3章　埋弧焊

【目的】

1. 掌握埋弧焊的原理及其特点。

2. 理解埋弧焊的自动调节原理,熟悉埋弧焊设备和工艺。

【要求】

了解:埋弧焊的焊接过程、原理、焊接材料的选用及冶金过程。

掌握:埋弧焊的特点、分类及应用范围。理解自动调节原理。

熟悉:埋弧焊设备和加工工艺。

绝大多数的焊接能看到熔池和焊缝形成过程,属于明弧焊。埋弧焊是相对于明弧焊而言的,是指电弧掩埋在颗粒状焊剂层下燃烧进行焊接的方法,是一种生产效率较高的机械化焊接方法,广泛应用于锅炉、压力容器、石油化工、船舶、桥梁、冶金及机械制造工业中。

3.1　埋弧焊的工作原理及特点

3.1.1　埋弧焊的焊接过程及工作原理

埋弧焊的工作原理如图 3-1 所示。它是利用焊丝和焊件之间的电弧所产生的热量来熔化焊丝、焊剂和焊件而形成焊缝的。焊丝作为填充金属,而焊剂对焊接区起保护和合金作用。由于焊接时电弧掩埋在焊剂层下燃烧,电弧光不外露,因此被称为埋弧焊。

埋弧焊的焊接过程如图 3-2 所示。焊接时,当焊丝端部与焊件接触后,颗粒状焊剂经焊剂漏斗流出并均匀地堆覆在焊丝周围装配好的焊件上,焊丝由送丝电动机驱动,经送丝滚轮、导电嘴送入焊接区。送丝机构、焊接漏斗和操作控制盘等安装在一台小车上。通过操作控制盘上的按钮,按规定的焊接程序使电弧引燃,焊丝送进和焊接电弧的移动自动进行。焊接参数通过操作控制盘上的有

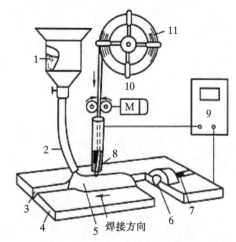

图 3-1　埋弧焊原理示意图

1—焊剂漏斗;2—软管;3—坡口;4—焊件;5—焊剂;6—熔敷金属;7—渣壳;
8—导电嘴;9—电源;10—送丝机构;11—焊丝

关按钮或旋钮进行调整,焊接过程的稳定性由焊机的自动调节系统给予保证。

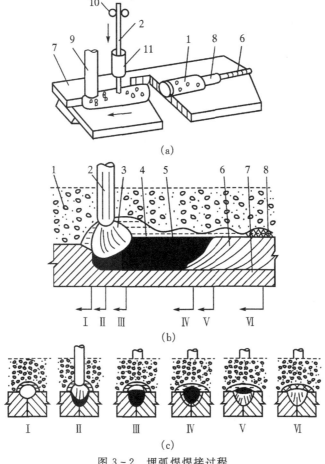

图 3-2　埋弧焊焊接过程

(a)焊接过程;(b)纵向断面;(c)横向断面

1—焊剂;2—焊丝;3—电弧;4—熔池;5—熔渣;6—焊缝;7—工件;

8—焊渣;9—焊剂漏斗;10—送丝滚轮;11—导电嘴

　　埋弧焊时,当焊丝和焊件之间引燃电弧后,电弧的热量使周围的焊件、焊丝和焊剂局部熔化以至部分蒸发,在靠近熔池前沿形成了一个气泡,电弧在这个气泡内稳定燃烧,下部是熔池液态金属,上部覆盖着一层熔融的焊剂和熔渣构成的渣膜,这个渣膜不仅能很好地使电弧和熔池与周围空气隔离,而且使有碍操作的电弧辐射光不能散射出来,同时使电弧的热效率得到提高。电弧向前移动时,电弧力将熔池中的液态金属排向后方,则熔池前方的金属就暴露在电弧下方而被熔化,形成新的熔池,而电弧后方的熔池金属则冷却凝固成焊缝,熔渣也凝固成渣壳覆盖在焊缝表面。

3.1.2　埋弧焊的特点及应用

1. 埋弧焊的主要优点

(1)焊接生产率高　埋弧焊可以采用大电流(比手工焊大 5~10 倍);埋弧焊的焊丝伸出长

度(从导电嘴末端到电弧端部的焊丝长度)远较手工电弧焊的焊条短,一般在 50 mm 左右,而且是光焊丝,不会因提高电流而造成焊条药皮发红问题。对于 20 mm 以下的对接焊可以不开坡口,不留间隙,这就减少了填充金属的数量。因此,埋弧焊熔深大,焊接生产率较高。

(2)焊缝质量高　因为熔池有熔渣和焊剂的保护,空气中的氮、氧等难以进入,因此对焊接熔池保护较完善,焊缝金属中杂质较少,只要焊接工艺选择恰当,较易获得表面光洁、平直、成形美观高质量的焊缝。同时因为熔池深度较大,易焊透,同时也消除了手工电弧焊中因为要更换焊条而容易引起的一些缺陷。

(3)节省焊接材料和电能　由于熔深较大,埋弧焊时可不开或少开坡口,减少了焊缝中焊丝的填充量,节省因为加工坡口而消耗的母材。并且由于焊接时飞溅极小,又没有焊条头的损失,所以节约了焊接材料。另外,埋弧焊的热量集中,而且利用率高,故在单位长度焊缝上所消耗的电能也大为降低。

(4)焊工劳动条件好　由于实现了焊接过程机械化,减轻了手工操作的劳动强度。电弧弧光埋在焊剂层下,没有弧光辐射,放出烟尘较少,可以省去面罩,因此焊工的劳动条件得到较大改善。

2. 埋弧焊的主要缺点

(1)不及手工电弧焊灵活,难以在空间位置施焊　一般只适合于水平位置或倾斜度不大的焊缝。

(2)工件边缘准备和装配质量要求较高、费工时　埋弧焊使用电流较大,电场强度较高,电流小于 100 A 时,电弧稳定性较差,不适合焊接厚度小于 1 mm 的薄板。

(3)看不到熔池和焊缝形成过程,不能及时调整工艺参数　必须严格依照焊接规范,采用焊缝自动跟踪装置来保证焊炬对准焊缝不焊偏。

(4)焊接设备比较复杂,维修保养工作量较大　适用于直的长焊缝和环形焊缝焊接,对一些形状不规则的焊缝无法焊接。

3. 埋弧焊的应用范围

埋弧焊的很多优点使其至今仍然是工业生产中最常用的高效焊接方法之一。凡是焊缝可以保持在水平位置或倾斜度不大的焊件,不管是对接、角接还是搭接接头都可以用埋弧焊焊接,适于批量较大、较厚、较长的直线及较大直径的环形焊缝的焊接。目前埋弧焊主要用于焊接各种钢板结构,可焊接碳素结构钢、低合金结构钢、不锈钢、耐热钢、复合钢板、镍基合金和铜基合金。埋弧焊还可在基体表面堆焊耐磨、耐腐蚀的合金层。铸铁、铝、镁、铅、锌等低熔点金属材料都不适合用埋弧焊焊接。埋弧焊可焊接的焊件厚度范围很大,除了厚度 5 mm 以下的焊件容易烧穿,埋弧焊用得不多外,较厚的焊件都适于用埋弧焊焊接,在造船、锅炉、压力容器、桥梁、管道、起重运输及冶金机械制造业中得到广泛应用。

埋弧焊也在不断发展之中,如多丝埋弧焊能达到厚板一次成形;窄间隙埋弧焊可使特厚板焊接生产效率提高,成本降低;埋弧堆焊能在满足使用要求的前提下节约贵重金属或提高使用寿命。这些新的、高效率的埋弧焊方法的出现,更进一步拓展了埋弧焊的应用范围。

3.1.3　埋弧焊的自动调节原理

1. 埋弧焊稳定工作的基本概念

在埋弧焊过程中,维持电弧稳定燃烧和保持焊接参数基本不变是保证焊接质量的基本要求。埋弧焊时,一般应选用具有下降外特性的焊接电源,才能保证电弧的稳定燃烧。

2. 埋弧焊的自动调节的必要性

合理选择焊接工艺参数,并保证预定的焊接工艺参数在焊接过程中的稳定,是保证焊缝成形和内部质量的重要条件。

焊接过程中某些外界因素常会使工艺参数偏离预定值,导致焊接过程不稳定。焊接过程的外界干扰主要来自于弧长波动和网压波动两个方面。弧长波动是焊接过程中由于焊件不平整、装配不良或遇到定位焊点以及送丝速度不均匀等原因引起的。电网电压波动是因焊机供电网中负载突变,如附近其他电焊机或大容量用电设备突然启动或停止造成的电网电压突变。

焊条电弧焊是依靠焊工的眼睛来观察焊接过程,调节焊条的送进量,保证焊接的电弧长度和熔池状态,是一种人工调节方式。以机械代替手工送进焊丝和移动电弧的埋弧焊必须具有相应的自动调节机制来取代人工调节,否则遇到外界干扰就不能保证电弧的稳定。

3. 埋弧焊自动调节的目标

埋弧焊的焊接工艺参数主要是指焊接电流和电弧电压等。焊接电流和电弧电压是由电源的外特性曲线和电弧静特性曲线的交点所确定的。因此,凡是影响电源外特性曲线和电弧静特性曲线的外界因素,都会影响焊接电流和电压的稳定。

电弧长度是影响电弧静特性曲线的主要因素,如焊件表面不平整和装配质量不良及有定位焊缝等都会使弧长发生变化。网路电压则是影响电源外特性的主要因素,如附近其他电焊机等大容量设备突然启动或停止都会造成网压波动。弧长变化、网压波动对焊接电流和电压的影响如图 3-3 示。由于弧长变化对焊接电流和电弧电压的影响最为严重,因此埋弧焊的自动调节的主要目标是消除电弧长度变化的干扰。

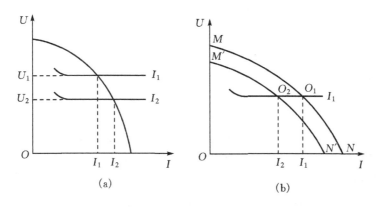

图 3-3　弧长变化、网压波动对焊接电流和电弧电压的影响
(a)弧长变化的影响;(b)网压波动的影响

4. 埋弧焊自动调节的方法

在焊接过程中,应该能在弧长变化时迅速恢复。埋弧焊长度是由焊丝送丝速度和焊丝熔化速度决定的,只有使送丝的速度等于焊丝熔化的速度,电弧长度才有可能保持稳定不变。因此,当电弧长度发生变化时,为了恢复弧长,可以通过两种方法来实现,一种是调节焊丝送丝速度(即单位时间送入焊接区的焊丝长度);另一种是调节焊丝熔化速度(即单位时间内熔化送入焊接区的焊丝长度)。

根据上述两种不同的调节方法,埋弧焊有两种形式:一是焊丝送丝速度在焊接过程中恒定不变,通过改变焊丝熔化速度来消除弧长干扰的等速送丝式,焊机型号有 MZ1—1000 型;二是焊丝送丝速度随电弧电压变化,通过改变送丝速度来消除弧长干扰的变速送丝式,焊机型号有 MZ—1000 型。

3.2　埋弧焊设备

埋弧焊设备包括埋弧焊机和各种辅助设备。其中,埋弧焊机是核心部分,由焊接小车、焊接电源和控制系统三部分组成;辅助设备包括焊接夹具、工件变位机、焊机变位设备和焊剂回收装置等。

3.2.1　埋弧焊机的功能和分类

一般电弧焊的焊接过程有三个阶段:引弧,焊接,熄弧。在焊条电弧焊中,这三个阶段是由焊工手工完成的。在埋弧焊中,要自动完成这三个阶段。因此,埋弧焊机就要具备某些与焊接过程要求相适应的功能。

1. 埋弧焊机的主要功能

①建立焊接电弧,并向电弧供给电能。

②连续不断地向焊接区送进焊丝,并自动保持确定的弧长和焊接工艺参数不变,使电弧稳定燃烧。

③使电弧沿接缝移动,并保持确定的行走速度。

④在电弧前方不断地向焊接区铺撒焊剂。

⑤控制焊机的引弧、焊接和熄弧停机的操作过程。

2. 埋弧焊机的分类

①按用途可分为专用焊机和通用焊机两种,通用焊机如焊车式的埋弧焊机,专用焊机如埋弧焊角焊机、埋弧焊堆焊机等。

②按送丝方式可分为等速送丝式埋弧焊机和变速送丝式埋弧焊机两种,前者适用于细焊丝、高电流密度条件的焊接,后者适用于粗焊丝、低电流密度条件的焊接。

③按焊丝的数目形状可分为单丝埋弧焊机、多丝埋弧焊机及带状电极埋弧焊机。目前应用最广的是单丝埋弧焊机、多丝埋弧焊机;常用的是双丝埋弧焊机和三丝埋弧焊机;带状电极埋弧焊机主要用作大面积堆焊。

④按焊剂的结构形式可分为焊车式、悬挂式、车床式、门架式、悬臂式等,如图 3-4 所示。目前焊车式、悬臂式使用得比较多。

在生产中根据其自动调节的原理可以把埋弧焊机归纳为两类:电弧自身调节的等速送丝

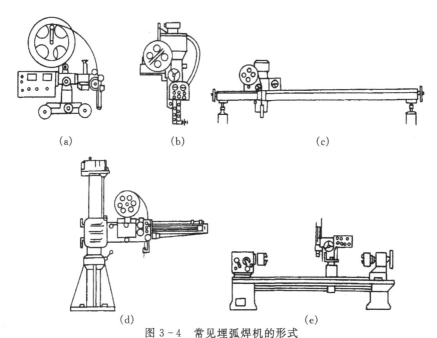

图 3-4　常见埋弧焊机的形式

(a)焊车式；(b)悬挂式；(c)门架式；(d)悬臂式；(e)车床式

式埋弧焊机和电弧电压自动调节的变速送丝式埋弧焊机。

3. 埋弧焊机的组成

埋弧焊机主要由焊接电源、机械系统、控制系统等部分组成。典型的焊车式埋弧焊机组成如图 3-5 所示。

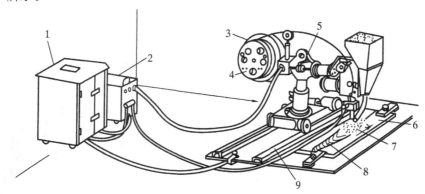

图 3-5　焊车式埋弧焊机的组成

1—弧焊电源；2—控制箱；3—焊丝盘；4—控制盘；5—焊接小车；

6—焊件；7—焊剂；8—焊缝；9—导轨

(1)焊接电源　埋弧焊电源有交流电源和直流电源。通常直流电源适用于小电流、快速引弧、短焊缝、高速焊接及焊剂稳弧性较差和对参数稳定性要求较高的场合；交流电源多用于大电流及直流磁偏吹严重的场合。一般埋弧焊电源的额定电流为 500～2 000 A，具有缓降或陡降外特性，负载持续率 100%。

(2)机械系统　送丝机构包括送丝电动机及转动系统、送丝滚轮和矫直滚轮等，其作用是可靠地送丝,具有较宽的调节范围;行走机构包括行走电动机及转动系统、行走轮及离合器等。行走轮一般采用绝缘橡胶轮,以防止焊接电流经车轮而短路;焊丝的接电是靠导电嘴实现的,对其要求是导电率高、耐磨、与焊丝接触可靠。

(3)控制系统　埋弧焊控制系统包括送丝控制、行走控制、引弧熄弧控制等。大型专用焊机还包括横臂升降、收缩、主轴旋转及焊剂回收等控制。一般埋弧焊机常设控制箱来放置主要控制元件,但在采用晶闸管等电子控制电路的新型埋弧焊机中已没有单独的控制箱,控制元件安装在控制盘和电源箱内。

3.2.2　典型埋弧焊机

目前国内使用较多的埋弧焊机是 MZ—1000 型(M—埋弧,Z—自动焊机,1000—额定焊接电流 1 000 A),它主要由焊接小车、控制箱和焊接电源三部分组成,相互之间由焊接电缆和控制电缆连接在一起。它适合焊接水平位置或与水平面倾角不大于 15°的各种有、无坡口的对接、搭接和角接等接头的埋弧焊,并可借助滚轮架进行圆形焊件内、外环缝的焊接。

1. 焊接小车

MZ—1000 型埋弧焊机配用的焊接小车是 MZT—1000 型,它由机头及其调整机构、导电嘴、操作控制盒、焊丝盘、焊剂漏斗和行走小车等部分组成。焊接小车的外形结构如图 3—6 所示。

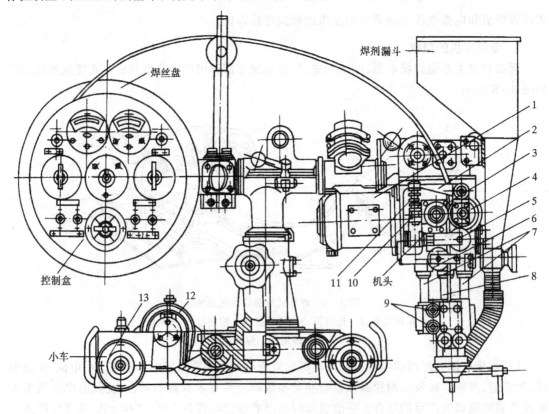

图 3—6　MZT—1000 型埋弧焊机焊接小车

1—送丝电动机;2—摇杆;3、4—送丝轮;5、6—矫直轮;7—圆柱导轨;8—螺杆;
9—螺钉(导电嘴);10—调节螺母;11—弹簧;12—焊车电动机;13—焊车车轮

(1)机头　功能是输送焊丝,它由送丝电动机 1、减速机构和送丝滚轮 3、4 组成。焊丝经送丝滚轮 3、4 送出,经矫直轮 5、6 进入导电嘴 9,然后到达焊接区。机头调整机构可使焊机适应各种位置焊缝的焊接,并使焊丝对准接缝位置。

(2)导电嘴　作用是引导焊丝的传送方向,并且可靠地将电流输导到焊丝上。它既要有良好的导电性,又要有良好的耐磨性,一般由耐磨铜合金制成。

(3)操作控制盒　操作控制盒上装有电压表、电流表、电弧电压与焊接速度调节器,还有各种控制开关和按钮等。

(4)焊丝盘　焊丝盘为盘绕焊丝的装置。

(5)焊剂漏斗　焊剂漏斗的功能是将焊剂通过软管送出,使焊剂撒布在焊丝周围,并堆积适当的厚度。

(6)行走小车　行走小车由直流电动机 4 带动,其速度可在 25～166 cm/min 范围内均匀调节。

2. 控制箱

MZ—1000 型埋弧焊机配用的控制箱是 MZP—1000 型。控制箱内装有发动机-电动机组,还有中间继电器、接触器、控制变压器、整流器、镇定电阻、互感器等元件。在控制箱的正面的一侧装有一个操作用的三相电源开关和电源控制线插座,另一侧接动力电源和控制电源。

3. 焊接电源

MZ—1000 型埋弧焊机可配用交流或直流电源。

配用交流电源时,一般用 BX2—1000 型弧焊变压器;配用直流电源时,可配用 ZXG—1000 型或 ZDG—1000R 型弧焊整流器。

采用直流电源焊接,能更好地控制焊道形状、熔深和焊接速度,也更容易引燃电弧。通常直流电源适用于小电流、快速引弧、短焊缝、高速焊接、所采用焊剂的稳弧性较差和对焊接参数稳定性有较高要求的场合。

采用直流电源时,不同的极性将产生不同的工艺效果。正接时焊丝的熔敷效率高,反接时焊缝熔深大。采用交流电源时,焊丝熔敷效率及焊缝熔深介于直流正接与反接之间,而且电弧的磁偏吹最小。

4. 外部接线

焊机在使用时必须按制造厂提供的外部接线图将焊机各部分连接起来。图 3-7 与图 3-8 分别为 MZ—1000 型埋弧焊机使用交流、直流电源时的外部接线图。

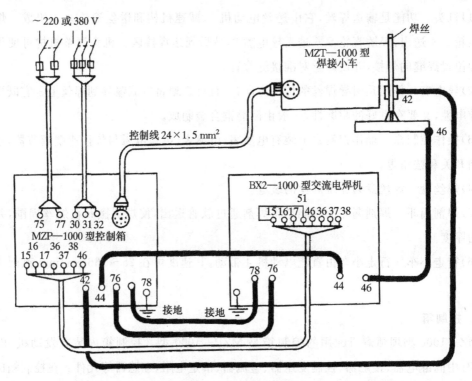

图 3 - 7　用交流电源时 MZ—1000 型埋弧焊机的外部接线图

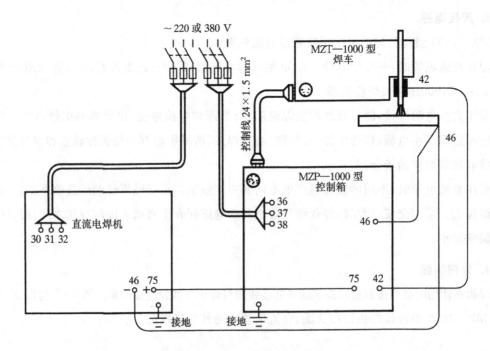

图 3 - 8　用直流电源时 MZ—1000 型埋弧焊机的外部接线图

3.2.3　埋弧焊机的常见故障及排除方法

埋弧焊机常见的故障及排除方法见表 3-1。

表 3-1　埋弧焊机常见的故障及排除方法

故障特征	产生原因	处理方法
按焊丝向下或向上按钮时，送丝电动机不逆转	1. 送丝电动机有故障； 2. 电动机电源线接点断开或损坏	1. 修理送丝电动机； 2. 检查电源线路接点并修复
按启动按钮后，不见电弧产生，焊丝将机头顶起	焊丝与焊件没有导电接触	清理接触部分
按启动按钮，线路工作正常，但引不起弧焊	1. 焊接电源未接通； 2. 电源接触器接触不良； 3. 焊丝与焊件接触不良； 4. 焊接回路无电压	1. 接通焊接电源； 2. 检查并修复接触器； 3. 清理焊丝与焊件的接触点； 4. 检查并修复
启动后，焊丝一直向上	1. 机头上电弧电压反馈引线未接或断开； 2. 焊接电源未启动	1. 接好引线； 2. 启动焊接电源
启动后焊丝粘住焊件	1. 焊丝与焊件接触太紧； 2. 焊接电压太低或焊接电流太大	1. 保证接触可靠但不要太紧； 2. 调整电流、电压至合适值
线路工作正常，焊接工艺参数正确，但焊丝给送不均，电弧不稳	1. 焊丝给送压紧轮磨损或压得太松； 2. 焊丝被卡住； 3. 焊丝给送机构有故障； 4. 网路电压波动太大； 5. 导电嘴导电不良，焊丝脏	1. 调整压紧轮或更换焊丝给送滚轮； 2. 清理焊丝，使其顺畅送进； 3. 检查并修复送丝机构； 4. 使用专用焊机线路，保持网路电压稳定； 5. 更换导电嘴，清理焊丝上的脏物
启动小车不动或焊接过程小车突然停止	1. 离合器未合上； 2. 行车速度旋钮在最小位置； 3. 空载焊接开关在空载位置	1. 合上离合器； 2. 将行车速度调到需要位置； 3. 拨到焊接位置
焊丝没有与焊件接触，焊接回路就带电	焊接小车与焊件之间绝缘不良或损坏	1. 检查小车车轮绝缘； 2. 检查焊车下面是否有金属与焊件短路
焊接过程中机头或导电嘴的位置不时改变	焊接小车有关部位间隙大或机件磨损	1. 进行修理达到适当间隙； 2. 更换磨损件
焊机启动后，焊丝周期地与焊件粘住或常常断弧	1. 粘住是因为电弧电压太低、焊接电流太小或网路电压太低； 2. 常断弧是因为电弧电压太高、焊接电流太大或电网电压太高	1. 增加或减小电弧电压和焊接电流； 2. 等网路电压正常后再进行焊接

故障特征	产生原因	处理方法
导电嘴以下焊丝发红	1. 导电嘴导电不良； 2. 焊丝伸出长度太长	1. 更换导电嘴； 2. 调节焊丝至合适伸出长度
导电嘴末端熔化	1. 焊丝伸出太短； 2. 焊接电流太大或焊接电压太高； 3. 引弧时焊丝与焊件接触太紧	1. 增加焊丝伸出长度； 2. 调节合适的工艺参数； 3. 使其接触可靠但不能太紧
停止焊接后，焊丝与焊件粘住	MZ—1000 型焊机的停止按钮未分为两步按动，而是一次按下	按照焊机的规定程序来按动停止按钮

3.3　埋弧焊的焊接材料

我们所说的埋弧焊的焊接材料主要包括焊丝和焊剂。

3.3.1　埋弧焊的焊丝和焊剂的选用

埋弧焊焊接材料中的焊丝、焊剂就相当于焊条的焊芯和药皮。国产埋弧焊用碳钢焊丝和焊剂已列入国家标准 GB/T 5293—1999。埋弧焊时焊丝和焊剂直接参与焊接过程中的冶金反应，因而它们的化学成分和物理特性都会影响焊接工艺过程，并通过焊接过程对焊缝金属的化学成分、组织和性能产生影响。正确选择焊剂和焊丝并合理配合使用，是埋弧焊技术的一项重要内容。

1. 焊丝

焊丝是焊缝的填充物金属材料，同时也担负着电弧导电的任务，对焊缝质量有直接的影响。根据焊丝的成分和用途可将其分为碳素结构钢焊丝、合金结构钢焊丝和不锈钢焊丝三大类。随着埋弧焊所焊金属种类的增加，焊丝的品种也在增加，目前生产中已在应用高合金钢焊丝和特殊的合金焊丝（堆焊用）等新品种的焊丝。

在选择埋弧焊用焊丝时，最主要的是考虑焊丝中锰和硅的含量。无论是采用单道焊还是多道焊，应考虑焊丝向熔敷金属中过渡的 Mn,Si 对熔敷金属力学性能的影响。埋弧焊焊接低碳钢时选用的焊丝牌号见表 3-2。

表 3-2　常用钢焊丝的牌号

序号	钢种	牌号	序号	钢种	牌号
1	碳素结构钢	H08A	12	合金结构钢	H10Mn2MoVA
2		H08E	13		H08CrMoA
3		H08Mn	14		H08CrMoVA
4		H08MnA	15		H30CrMnSi

序号	钢种	牌号	序号	钢种	牌号
5		H102	16		H0Cr14
6		H08MnSi2A	17		H0Cr13
7		H10Si	18		H00Cr21Ni10
8	合金结构钢	H10SiMo	19	不锈钢	H0Cr21Ni10Ti
9		H10SiMoTiA	20		H1Cr19Ni9
10		H08MnMoA	21		H1Cr24Ni13
11		H08Mn2MoA	22		H1Cr26Ni921

为适应焊接不同厚度材料的要求,同一牌号的焊丝可加工成不同的直径。埋弧焊常用的焊丝直径有 2 mm,3 mm,4 mm,5 mm 和 6 mm 五种。使用时,要求将焊丝表面的油、锈清理干净,以免影响焊接质量。有些焊丝表面镀有一薄层铜,可防止焊丝生锈并使导电嘴与焊丝之间的导电更为可靠,提高电弧的稳定性。

焊丝一般成卷供应,使用前要盘卷在焊丝盘上,在盘卷及其清理过程中,要防止焊丝产生局部小弯曲或者在焊丝盘中相互套叠。否则,会影响正常送进焊丝,破坏焊接过程的稳定,严重时会迫使焊接过程中断等。

2. 焊剂

(1)焊剂在埋弧焊中的主要作用

①造渣,用来隔绝空气对熔池金属的污染。

②控制焊缝金属的化学成分,保证焊缝金属的力学性能。

③防止气孔、裂纹和夹渣等缺陷的产生。

④改善焊接工艺性能,使电弧能稳定燃烧,脱渣容易,焊缝成形美观。

(2)焊剂的分类

埋弧焊的焊剂有多种,一般按制造方法可以分为熔炼焊剂和非熔炼焊剂。熔炼焊剂是按配方比例将原料干混均匀后入炉熔炼,然后经过水冷粒化、筛选、烘干而成。熔炼焊剂的优点是成分均匀、吸湿性小、颗粒强度高,同时具有良好的焊接工艺性能和冶金性能,是国内生产中应用较多的一类焊剂。其缺点是焊剂中无法加入脱氧剂和铁合金,因为熔炼过程中烧损十分严重。非熔炼焊剂按其烘焙温度不同又分为烧结焊剂和黏结焊剂。将各种粉状原料加入适量黏结剂混拌均匀后,再进行粒化(0.5～2.0 mm),经过 400 ℃ 以下的低温烘干而成的焊剂为黏结焊剂;经 400～1 000 ℃ 高温烧结成块,然后粉碎、筛选而成的焊剂则是烧结焊剂。非熔炼焊剂的优点是制造过程中未经高温熔炼,焊剂中加入的脱氧剂和铁合金等几乎没有损失,因此,可以通过焊剂向焊缝过渡大量合金成分,补充焊丝中合金元素的烧损,常用来焊接高合金钢或进行堆焊。另外,烧结焊剂脱渣性能好,所以大厚度焊件窄间隙埋弧焊时均用烧结焊剂。其缺点是容易吸潮,会增加焊缝含氧量,反复使用易粉化。

3. 焊剂和焊丝的选用与配合

焊剂和焊丝的正确选用及二者之间的合理配合,是获得优质焊缝的关键,也是埋弧焊工艺过程的重要环节。所以必须按焊件的成分、性能和要求正确、合理地选配焊剂和焊丝。焊剂及焊丝的选配一般原则如下:

①在焊接低碳钢和强度等级较低的合金钢时,通常以满足力学性能要求为主,使焊缝强度达到与母材等强度,同时要满足其他力学性能指标要求。在此前提下,可选用下面两种配合方式中的任何一种:用高锰高硅焊剂(如 HJ430,HJ431)配合低碳钢焊丝(如 H08A)或含锰焊丝(H08MnA);用无锰高硅或低锰中硅焊剂(HJ130,HJ250)配合高锰焊丝(H10Mn2)。

②焊接低合金高强度钢时,除要使焊缝与母材等强度外,还要特别注意提高焊缝的塑性和韧性,一般选用中锰中硅或低锰中硅焊剂(HJ350,HJ250)配合相应钢种焊丝。

③焊接低温钢、耐热钢和耐蚀钢时,选择的焊剂和焊丝首先要保证焊缝具有与母材相同或相近的耐低温或耐热、耐腐蚀性能,为此可选用中硅或低硅型焊剂与相应的合金钢焊丝配合。

④焊接奥氏体不锈钢等高合金钢时,主要是保证焊缝与母材有相近的化学成分,同时满足力学性能和抗裂性能等方面的要求,由于在焊接过程中,铬、钼等主要合金元素会烧损,故选用合金含量比母材高的焊丝;焊剂要选用碱度高的中硅或低硅焊剂,防止焊缝增硅而使性能下降。如果只有合金成分较低的焊丝,也可以配用专门的烧结焊剂或黏结焊剂焊接,依靠焊剂过渡必要的合金元素,同样可以获得满意的焊缝成分和性能。常用埋弧焊剂的用途及配用的焊丝见表 3-3。

表 3-3　常用埋弧焊剂的用途及配用的焊丝

焊剂类别	焊剂型号	成分类型	用途	配用焊丝	适用电流种类	使用前熔烘/(h·℃)
熔炼型	HJ130	无 Mn 高 Si 低 F	低碳钢、普低钢	H10Mn2	交直流	2×250
	HJ131	无 Mn 高 Si 低 F	Ni 基合金	Ni 基焊丝	交直流	2×250
	HJ150	无 Mn 中 Si 中 F	轧辊堆焊	H2Crl3,H3Cr2W8	直流	2×250
	HJ151	无 Mn 中 Si 中 F	奥氏体不锈钢	相应钢种焊丝	直流	2×300
	HJ172	无 Mn 低 Si 高 F	含 Nb,Al 不锈钢	相应钢种焊丝	直流	2×400
	HJ173	无 Mn 低 Si 高 F	Mn,Al 高合金钢	相应钢种焊丝	直流	2×250
	HJ230	低 Mn 高 Si 低 F	低碳钢、普低钢	H08MnA,H10Mn2	交直流	2×250
	HJ250	低 Mn 中 Si 中 F	低合金高强度钢	相应钢种焊丝	直流	2×350
	HJ251	低 Mn 中 Si 中 F	珠光体耐热钢	CrMo 钢焊丝	直流	2×350
	HJ252	低 Mn 中 Si 中 F	15MnV,14MnMoV,18MnMoNb	H08MnMoA,H10Mn2	直流	2×350
	HJ260	低 Mn 高 Si 中 F	不锈钢、轧辊堆焊	不锈钢焊丝	直流	2×400
	HJ330	中 Mn 高 Si 中 F	重要低碳钢、普低钢	H08MnA,H10MnSi,H10Mn2SiA	交直流	2×250
	HJ350	中 Mn 中 Si 中 F	重要低合金高强度钢	MnMo,MnSi 及含 Ni 高强钢焊丝	交直流	2×400
	HJ351	中 Mn 中 Si 中 F	MnMo,MnSi 及含 Ni 普低钢	相应钢种焊丝	交直流	2×400
	HJ430	高 Mn 高 Si 低 F	重要低碳钢、普低钢	H08A,H08MnA	交直流	2×250
	HJ431	高 Mn 高 Si 低 F	重要低碳钢、普低钢	H08A,H08MnA	交直流	2×250
	HJ432	高 Mn 高 Si 低 F	重要低碳钢、普低钢(薄板)	H08A	交直流	2×250
	HJ433	高 Mn 高 Si 低 F	低碳钢	H08A	交直流	2×350

焊剂类别	焊剂型号	成分类型	用途	配用焊丝	适用电流种类	使用前焙烘 /(h·℃)
烧结型	SJ101	碱性（氟碱性）	重要普低钢	H08MnA，H08MnMoA H08Mn2MoA，H10Mn2	交直流	2×350
	SJ301	中性（硅钙型）	低碳钢、锅炉钢	H08MnA，H10Mn2 H08MnMoA	交直流	2×350
	SJ401	酸性（锰硅型）	低碳钢、普低钢	H08A	交直流	2×250
	SJ501	酸性（铝钛型）	低碳钢、普低钢	H08A，H08MnA	交直流	2×350
	SJ502	酸性（铝钛型）	低碳钢、普低钢	H08A	交直流	1×300

3.3.2 埋弧焊的冶金过程

1. 埋弧焊冶金过程的特点

埋弧焊的冶金过程是指液态熔渣与液态金属以及电弧气氛之间的相互作用,其中主要包括氧化、还原反应、脱硫、脱磷反应以及去除气体等过程。埋弧焊的冶金过程具有下列特点。

（1）空气不易侵入焊接区 埋弧焊时,电弧在一层较厚的焊剂层下燃烧,部分焊剂在电弧热作用下立即熔化,形成液态熔渣和气泡,包围了整个焊接区和液态熔池,隔绝了周围的空气,产生了良好的保护作用。以低碳钢焊缝的含氮量为例来分析,焊条电弧焊(用优质药皮焊条焊接)的焊缝金属 ω_N 为 $0.02\%\sim0.03\%$,而埋弧焊焊缝金属 ω_N 仅为 0.002%。故埋弧焊焊缝金属的塑性良好,具有较高的致密性和纯度。

（2）冶金的反应充分 埋弧焊时,由于热输入大以及焊剂的作用,不仅熔池体积大,同时由于焊接熔池和凝固的焊缝金属被较厚的熔渣层覆盖,焊接区的冷却速度较慢,使熔池的金属凝固速度减缓,所以埋弧焊时金属熔池处于液态的时间要比焊条电弧焊长几倍。这样液态金属与熔化的焊剂、熔渣之间有较多的时间进行相互作用,因为冶金反应充分,气体和杂质易析出,不易产生气孔、夹渣等缺陷。

（3）焊缝金属的合金成分易于控制 埋弧焊接过程中可以通过焊剂或焊丝对焊缝金属进行渗合金。焊接低碳钢时,可利用焊剂中的 SiO_2 和 MnO 的还原反应,对焊缝金属渗硅和渗锰,以保证焊缝金属应有的合金成分和力学性能;焊接合金钢时,通常利用相应的焊丝来保证焊缝金属的合金成分。因而,埋弧焊时焊缝金属的合金成分易于控制。

（4）焊缝金属纯度较高且成分均匀 埋弧焊过程中,高温熔渣具有较强的脱硫、脱磷作用,焊缝金属中的硫、磷含量可控制在很低的范围内。同时,熔渣亦具有去除气体成分的作用,因而大大降低了焊缝金属中氢和氧的含量,提高了焊缝金属的纯度。另外,埋弧焊时,由于焊接过程机械化操作,又有弧长自动调节系统,因此焊接参数(焊接电流、电弧电压及焊接速度)比焊条电弧焊稳定,即每单位时间内所熔化的金属和焊剂的数量较为稳定,因此焊缝金属的化学成分均匀。

2. 低碳钢埋弧焊时的主要冶金反应

埋弧焊的冶金反应,主要是液态金属中某一元素被焊剂中某元素取代的反应。对于低碳钢埋弧焊来说,最主要的冶金反应有硅、锰的还原,碳的氧化(烧损)反应,以及焊缝中氢和硫、磷含量的控制等。

(1)焊缝中硅、锰的还原反应　硅、锰是低碳钢焊缝金属中最重要的合金元素,锰可以降低焊缝中产生热裂纹的危险性,提高焊缝力学性能;硅可镇静焊接熔池,加快其脱氧过程,并保证焊缝金属的致密性。因此,必须有效控制熔池的冶金过程,保证焊缝金属中适当的硅、锰含量。

低碳钢埋弧焊时,主要采用高锰高硅低氟型熔炼焊剂 HJ431 或 HJ430 并配用 H08 或 H08A 型焊丝。焊剂的主要成分是 MnO 和 SiO_2,它们的渣系为 $MnO-SiO_2$,因此焊接时在熔渣与液态金属间将会发生如下反应

$$2[Fe]+(SiO_2) \Longleftrightarrow 2(FeO)+[Si]$$
$$[Fe]+(MnO) \Longleftrightarrow (FeO)+[Mn]$$

式中:[　]表示在液态金属中含量;(　)表示在熔渣中含量。由于 (SiO_2) 和 (MnO) 的浓度较高,因此该反应将向 Si,Mn 还原的方向进行。还原生成 Si,Mn 元素则过渡到焊缝中去,而生成的 FeO 大部分进入熔渣,只有少量残留在焊缝金属中。埋弧焊时 Si,Mn 的还原程度以及焊缝过渡的多少取决于焊剂成分、焊丝成分和焊接参数等因素。在上诉诸因素的影响下,由实验得知用高锰高硅低氟焊剂焊接低碳钢时,通常 Mn 的过渡量为 $0.1\% \sim 0.4\%$ 而 Si 的过渡量为 $0.1\% \sim 0.3\%$。在实际生产条件下,可以根据焊缝化学成分的要求,调节上述各种因素,以达到控制硅和锰含量的目的。

(2)碳的氧化烧损　低碳钢埋弧焊时,由于使用的熔炼焊剂中不含碳元素,因而碳只能从焊丝及母材进入焊接熔池。焊丝熔滴中的碳在过渡过程中发生非常剧烈的氧化反应

$$C+O \Longleftrightarrow CO$$

在熔池内也有一部分碳被氧化,其结果将使焊缝中的碳元素烧损而出现脱碳现象。若增加焊丝中碳的含量,则碳的烧损量也增大。由于碳的剧烈氧化,熔池的搅动作用增强,使熔池中的气体容易析出,又有利于抑制焊缝中气孔的形成。由于焊缝中碳的含量对焊缝的力学性能有很大的影响,所以碳烧损后必须补充其他强化焊缝金属的元素,才能保证焊缝力学性能的要求,这正是焊缝中硅、锰元素一般都比母材高的原因。

(3)硫、磷杂质的限制　硫、磷在金属中都是有害杂质,焊缝含硫量增加时会造成偏析,形成低熔点共晶,使产生热裂纹的倾向增大;焊缝含磷增加时会引起金属的冷脆,降低其冲击韧度。因此必须限制焊接材料中硫、磷的含量并控制其过渡。低碳钢埋弧焊所用的焊丝对硫、磷有严格的限制,一般要求 $\omega_{(S,P)} < 0.04\%$。低碳钢埋弧焊常用的熔炼型焊剂可以在制造过程中通过冶炼限制硫、磷含量,使焊剂中的硫、磷含量控制在 $\omega_{(S,P)} < 0.1\%$;而用非熔炼型焊剂焊接时焊缝中的硫、磷含量则较难控制。

(4)熔池中的去氢反应　埋弧焊时对氢的敏感性比较大,经研究和实验证实,氢是埋弧焊时产生气孔和冷裂纹的主要原因。而防止气孔和冷裂纹的重要措施就是去除熔池中的氢。去氢的途径主要有两条:一是杜绝氢的来源,这就是要求清除焊丝和焊件表面的水分、铁锈、油和其他污物,并按要求烘干焊剂;二是通过冶金手段去除已混入熔池中的氢。后一种途径对于焊接冶金来说非常重要,可以利用由焊剂中加入的氟化物分解出的氟元素和某些氧化物中分解出的氧元素,通过高温冶金反应与氢结合成不熔于熔池的化合物 HF 和 OH 来加以去除。

3.4　埋弧焊工艺

3.4.1　埋弧焊焊前准备

埋弧焊的焊前准备包括焊件坡口的选择与加工、焊件的清理与装配、焊丝清理与焊剂烘干、焊机检查与调整等工作。这些准备工作与焊接质量的好坏有着十分密切的关系,所以必须认真完成。

1. 坡口的选择与加工

由于埋弧焊可使用较大电流焊接,电弧具有较强穿透力,所以当焊件厚度不太大时,一般不开坡口也能将焊件焊透。但是随着焊件厚度的增加,不能无限地提高焊接电流,为了保证焊件焊透,并使焊缝有良好的成形,应在焊件上开坡口。坡口形式和尺寸应该按照设计要求或国家标准《埋弧焊的推荐坡口》(GB/T 985.2—2008)来确定。当焊件厚度为 10~24 mm 时,多为 Y 形坡口;厚度为 24~60 mm 时,可开双 Y 形坡口;对一些要求高的厚大焊件的重要焊缝,如锅炉筒体等压力容器,一般多开 U 形坡口。

坡口常用气割或机械加工方法制备。气割一般采用半自动或自动气割机,可方便地割出直边、Y 形和双 Y 形坡口。手工气割很难保证坡口边缘的平直和光滑,对焊接质量的稳定性有较大的影响,尽可能不采用。如果必须采用手工气割加工坡口,一定要把坡口修磨到符合要求后才能装配焊接。用刨削、车削等机械加工方法制备坡口,可以达到比气割坡口更高的精度。目前,U 形坡口通常采用机械加工方法制备。

2. 焊件的清理与装配

焊件装配前,需要将坡口、对接面及距焊接部位两侧 20 mm 范围内的表面锈蚀、油污、氧化皮及水分等清理干净。否则,焊缝将产生缺陷。大批量生产时可用喷丸清理,批量不大时可用手工清理,即用钢丝刷、风动或电动砂轮、钢丝轮等进行清除;必要时还可以用氧乙炔火焰烘烤焊接部位,以烧掉焊件表面的污垢和油漆并烘干水分。机械加工的坡口容易在坡口表面沾染切削液或其他油脂,焊前也可用挥发性溶剂将污染部位清洗干净。

焊件装配时必须保证间隙均匀,高低平整不错边。特别是在单面焊双面成形的埋弧焊中更应该严格控制。装配时,焊件必须用夹具或定位焊缝可靠地固定。定位焊使用的焊条要与焊件材料性能相符,其位置一般应该在第一道焊缝的背面,长度一般不大于 30 mm,间距为 100~300 mm,应该保证焊透、熔合良好,不允许有裂纹、夹渣等缺陷。对直缝的焊件装配,须在接缝两端加装引弧板和引出板,其目的是去除引弧或熄弧时容易出现焊接缺陷的部分,保证焊缝的质量。如果焊件带有焊接试板,应该将其与工件装配在一起。焊接试板、引弧板、引出板在焊件上的安装位置如图 3-9 所示。引弧板和引出板的材质和坡口尺寸应该与所焊焊件相同,焊接结束后将引弧板和引出板割掉即可。焊接环焊缝时,引弧部位与正常焊缝重叠,熄弧在已焊成的焊缝上进行,不需要另外加装引弧板和引出板。

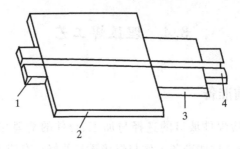

图 3-9　焊接试板、引弧板、引出板在焊件上的安装位置
1—引弧板；2—焊件；3—焊接试板；4—引出板

3. 焊丝清理与焊剂烘干

埋弧焊用的焊丝要严格清理，焊丝表面的油、锈及拔丝用的润滑剂都要清理干净，以免污染焊缝、造成气孔。焊剂在运输及储存过程中容易吸潮，所以使用前应该经烘干去除水分。烘干后应立即使用，回收使用的焊剂要过筛清除焊渣等杂质才能使用。

3.4.2　埋弧焊工艺参数的选择

1. 焊接工艺参数的影响及选择

埋弧焊焊接工艺参数分主要参数和次要参数。主要参数是指那些直接影响焊缝质量和生产效率的参数，它们是焊接电流、电弧电压、焊接速度、焊丝和焊剂的成分与配合、电流种类及极性、预热温度等。对焊缝质量产生有限影响或影响小的参数为次要参数，它们是焊丝伸出长度、焊丝倾角、焊丝与焊件的相对位置、焊剂粒度、焊剂堆积高度和多丝焊的丝间距离等。这部分内容大多已在第1章作出分析，这里不再赘述。现将它们对焊缝成形的影响列于表 3-4 中。

表 3-4　焊接工艺参数对焊缝成形的影响（交流电焊接）

焊缝特征	下列各项值增大时焊缝特征的变化										
	焊接电流 $\leqslant$ 1 500 A	焊丝直径	电弧电压/V		焊接速度/(m·h⁻¹)		焊丝后倾角度	焊件倾斜角		间隙和坡口	焊剂粒度
			22~34	35~60	10~40	40~100		下坡焊	上坡焊		
熔深 H	剧增	减	稍增	稍减	稍增	减	剧减	减	稍增	几乎不变	稍减
熔宽 B	稍增	增	增	剧增（但直流正接时例外）	减		增	增	稍减	几乎不变	稍减
余高 h	剧增	减	减		稍增		减	减	增	减	稍减
成形系数 ϕ	剧减	增	增	剧增（但直流正接时例外）	减	稍减	剧减	增	减	几乎不变	增

焊缝特征	下列各项值增大时焊缝特征的变化										
	焊接电流 ≤ 1 500 A	焊丝直径	电弧电压/V		焊接速度/(m·h⁻¹)		焊丝后倾角度	焊件倾斜角		间隙和坡口	焊剂粒度
			22～34	35～60	10～40	40～100		下坡焊	上坡焊		
余高系数 ψ	剧减	增	增	剧增（但直流正接时例外）	减		剧增	增	减	增	增
母材熔合比 γ	剧增	减	稍增	几乎不变	剧增	增	减	减	稍增	减	稍减

　　焊接工艺参数从两方面决定了焊缝质量。一方面,焊接电流、电弧电压和焊接速度三个参数合成的焊接热输入影响着焊缝的强度和韧性;另一方面,这些参数分别影响焊缝的成形,也影响到焊缝的抗裂性、对气孔和夹渣的敏感性。这些参数的合理匹配才能焊出成形良好、无任何缺陷的焊缝。对于操作者来说,最主要的任务是正确选择和调整各工艺参数,控制最佳的焊道成形。

2. 焊接工艺参数的选择方法

　　(1)焊接工艺参数的选择依据　焊接工艺参数的选择是针对将要投产的焊接结构施工图上标明的具体焊接接头进行的。根据产品图样及相应的技术条件,下列原始条件是已知的:

　　①焊件的形状和尺寸(直径、总长度、接头的钢材种类与板厚);

　　②焊缝的种类(纵缝、环缝)和焊缝的位置(平焊、横焊、上坡焊、下坡焊);

　　③接头的形式(对接、角接、搭接)和坡口形式(Y 形、X 形、U 形坡口等);

　　④对接头性能的技术要求,其中包括焊后无损探伤方法,抽查比例以及对接头强度、冲击韧度、弯曲、硬度和其他理性性能的合格标准;

　　⑤焊接结构(产品)的生产批量和进度要求。

　　(2)焊接工艺参数的选择程序　根据上列已知条件,通过对比分析,首先可选定埋弧焊工艺方法,是采用单丝焊还是多丝焊或其他工艺方法,同时根据焊件的形状和尺寸可选定是用细丝埋弧焊还是粗丝埋弧焊。例如小直径圆筒的内外环缝应采用 $\phi 2$ mm 焊丝的细丝埋弧焊;厚板深坡口对接接头纵缝和环缝宜采用 $\phi 4$ mm 焊丝的埋弧焊;船形位置厚板角接接头通常可采用 $\phi 5$ mm, $\phi 6$ mm 焊丝的粗丝埋弧焊。

　　焊接工艺方法选定后,即可按照钢材、板厚和对接头性能的要求,选择适用的焊剂和焊丝的牌号,对于厚板深坡口或窄间隙埋弧焊接头,应该选择既能满足接头性能要求又具有良好的工艺性和脱渣性的焊剂。然后,根据所焊钢材的焊接性试验报告,选定预热温度、层间温度、后热温度以及焊后热处理温度和保温时间。由于埋弧焊的电弧热效率较高,焊缝及热影响区的冷却速度较慢,因此对于一般焊接结构,板厚 90 mm 以下的接头可不作预热;厚度 50 mm 以下的普通低合金钢,如施工现场的环境温度在 10 ℃以上,焊前也不必预热;强度极限 600 MPa 以上的高强度钢或其他低合金钢,板厚 20 mm 以上的接头应预热至 100～150 ℃;后热和焊后热处理通常只适用于低合金钢厚板接头。

　　最后,根据板厚、坡口形式和尺寸选定焊接参数(焊接电流、电弧电压和焊接速度)并配合其他次要工艺参数。确定这些工艺参数时,必须以相应的焊接工艺试验结果或焊接工艺评定试验结果为依据,并在实际生产中加以修正后确定出符合实际情况的工艺参数。

3.4.3　埋弧焊技术

1. 对接接头的埋弧焊焊接

对接接头是焊接结构中应用最多的接头形式。对接接头埋弧焊时，可根据焊件厚度和结构分别采用双面焊或单面焊双面一次成形方法。

(1)平板双面焊　平板双面焊适用于中厚板的焊接，是埋弧焊对接接头最主要的焊接技术。这种方法须由焊件的两面分别施焊，焊完一面后翻转焊件再焊另一面。由于焊接过程全部在平焊位置完成，因而焊缝成形和焊接质量较易控制，焊接参数的波动小，对焊件装配质量的要求不是太高，一般都能获得满意的焊接质量。在焊接双面埋弧焊第一面时，既要保证一定的熔深，又要防止熔化金属的流溢或烧穿焊件。所以焊接时必须采取一些必要的工艺措施，以保证焊接过程顺利进行。按采取的不同措施，可将双面埋弧焊分为以下几类。

①不留间隙双面焊。这种焊接方法就是在焊第一面时焊件背面不加任何衬垫或辅助装置，因此也叫悬空焊接法。为防止液态金属从间隙中流失或引起烧穿，要求焊件在装配时不留间隙或留很小的间隙(一般不超过 1 mm)。第一面焊接时所用的焊接参数不能太大，只需使焊缝的熔深达到或略小于焊件厚度的一半即可。而焊接反面时由于已经有了第一面的焊缝作为依托，并且为了保证焊件焊透，便可以用较大的焊接参数进行焊接，要求焊缝的熔深应该达到焊件厚度的 60%～70%。这种焊接法一般不用于厚度太大的焊件焊接，其焊接工艺参数见表 3-5。

表 3-5　不留间隙双面埋弧焊焊接工艺参数

钢板厚度/mm	焊丝直径/mm	焊接顺序	焊接电流/A	电弧电压/V	焊接速度/(m·h⁻¹)
6	4	正	380～420	30	34.6
		反	430～470	30	32.7
8	4	正	440～480	30	30
		反	480～530	31	30
10	4	正	530～570	31	27.7
		反	590～640	33	27.7
12	4	正	620～660	35	25
		反	680～720	35	24.8
14	4	正	680～720	37	24.6
		反	730～770	40	22.5
15	$\phi5$	正	800～850	34～36	38
		反	850～900	36～38	26
17	$\phi5$	正	850～900	35～37	36
		反	900～950	37～39	26
18	$\phi5$	正	850～900	36～38	36
		反	900～950	38～40	24
20	$\phi5$	正	850～900	36～38	35
		反	900～1 000	38～40	24
22	$\phi5$	正	900～950	37～39	32
		反	1 000～1 050	38～40	24

②预留间隙双面焊。这种焊接法是在装配时根据焊件的厚度预留一定的装配间隙,进行第一面的焊接时,为防止熔化的金属流溢,接缝背面应该衬以焊剂垫(见图 3 – 10)或临时工艺垫板(见图 3 – 11),须采取措施使其在焊缝全长都与焊件贴合,并且压力均匀。第一面的焊接参数应保持焊缝熔深超过焊件厚度的 60%～70%;焊完第一面后翻转焊件,进行反面焊接,其焊接参数可与第一面焊接时相同,但必须保证完全熔透。对于重要产品,在反面焊接前需要进行清根处理,此时焊接参数可以适当减小。预留间隙双面埋弧焊的焊接工艺参数见表 3 – 6。

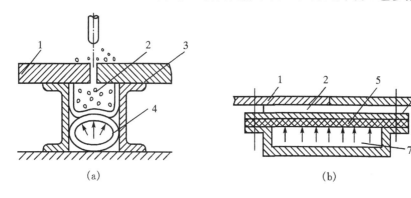

图 3 – 10　焊剂垫结构
(a)软管式;(b)橡胶膜式
1—焊件;2—焊剂;3—帆布;4—充气软管;5—橡胶膜;6—压板;7—气室

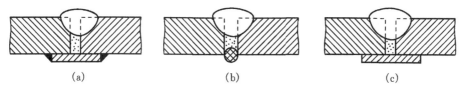

图 3 – 11　临时工艺垫板结构
(a)薄钢带垫;(b)石棉带垫;(c)石棉板垫

表 3 – 6　预留间隙双面埋弧焊的焊接工艺参数

钢板厚度/mm	焊丝直径/mm	焊接顺序	焊接电流/A	电弧电压/V	焊接速度/(m·h⁻¹)
14	3～4	Φ5	700～750	34～36	30
16	3～4	Φ5	700～750	34～36	27
18	4～5	Φ5	750～800	36～40	27
20	4～5	Φ5	850～900	36～40	27
24	4～5	Φ5	900～950	38～42	25
28	5～6	Φ5	900～950	38～42	20
30	6～7	Φ5	950～1 000	40～44	16
40	8～9	Φ5	1 100～1 200	40～44	12
50	10～11	Φ5	1 200～1 300	44～48	10

注:焊接用交流电,焊剂用 HJ431。

　　③开坡口双面焊。对于不宜采用较大热输入焊接的钢材或厚度较大的焊件,可以采用开坡口双面焊,坡口形式由焊件厚度决定。开坡口的焊件焊接第一面时,可以采用焊剂垫。当无法采用焊剂垫可以用悬空焊接,此时坡口应该加工平整,同时保证坡口装配间隙不大于1 mm,以防止熔化金属流溢。开坡口双面埋弧焊的焊接工艺参数见表3-7。

表 3-7　开坡口双面埋弧焊的焊接工艺

焊件厚度/mm	坡口形式	焊丝直径/mm	焊接顺序	坡口尺寸			焊接电流/A	电弧电压/V	焊接速度/(m·h⁻¹)
				α /°	b /mm	p /mm			
14		5	正 反	70	3	3	830~850 600~620	36~38 36~38	25 45
16		5	正 反	70	3	3	830~850 600~620	36~38 36~38	20 45
18		5	正 反	70	3	3	830~860 600~620	36~38 36~38	20 45
22		6 5	正 反	70	3	3	1 050~1 150 600~620	38~40 36~38	18 45
24			正 反	70	3	3	1 100 800	38~40 36~38	24 28
30			正 反	70	3	3	1 000 900~1 000	38~40 36~38	18 20

　　④焊条电弧焊封底双面焊。对无法使用衬垫或不便翻转的焊件,也可采用焊条电弧焊先仰焊封底,再用埋弧焊焊正面焊缝的方法。这类焊缝可以根据板厚情况开或不开坡口。一般厚板焊条电弧焊封底多层埋弧焊的典型坡口见图3-12,保证封底厚度大于8 mm,以免埋弧焊时焊穿。由于焊条电弧焊熔深浅,所以在正面进行埋弧焊时必须采用较大的焊接参数,以保证焊件熔透。板厚大于40 mm时宜采用多层多道埋弧焊,其焊接工艺参数见表3-8。此外,对于重要构件,常采用钨极惰性气体保护焊(TIG)打底,再用埋弧焊焊接的方法,以确保底层焊缝的质量。

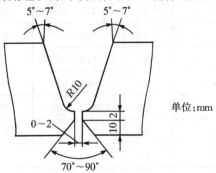

图 3-12　厚板焊件焊条电弧焊封底多层埋弧焊典型坡口

表 3 - 8 厚板焊件多层埋弧焊的焊接工艺参数

焊丝直径 /mm	焊接电流 /A	电弧电压/V		焊接速度 /(m·h⁻¹)
		交流	直流	
4	600～700	36～38	34～36	25～30
5	700～800	38～42	36～40	28～32

（2）单面焊双面一次成形　单面焊双面一次成形是仅在焊件的一面施焊，完成整条焊缝双面一次成形的一种焊接技术。其特点是使用较大的焊接电流将焊件一次熔透。由于焊接熔池较大，可免除焊件翻转带来的问题，并减少了焊缝清根所造成的焊接材料的消耗，大大提高了生产率，减轻了劳动强度，降低了生产成本。此技术适用于压力容器、大型球罐、造船和大型金属结构等的制造。单面焊双面的一次成形按衬垫的形式可分为以下几种。

①龙门压力架-焊剂铜垫。利用横跨焊件并带有若干气压缸的龙门架，通入压缩空气后，气缸带动压紧装置将焊件压紧在撒有焊剂的铜垫上进行焊接。焊接结束后，通过三通阀带动压紧装置升起，便可以移走焊件了。

铜垫是有一定厚度和宽度的纯铜板，在其上加工出一道成形槽（截面形状及尺寸如表3-9所示），两侧各有一块同样长度的水冷铜块，对铜垫进行间接冷却。铜垫和冷却铜块都装在下汽缸上，可以上下升降。

表 3 - 9 铜垫截面形状及尺寸

焊件厚度/mm	铜垫截面形状	槽宽 b/mm	槽深 h/mm	槽曲率半径 r/mm
4～6		10	2.5	7.0
6～8		12	3.0	7.5
8～10		14	3.5	9.5
12～14		18	4.0	12

压力架可分为固定式和移动式。在采用这种衬垫进行焊接时，首先要清除焊件边缘的锈污。然后借助焊接平台上的输送滚轮将焊件送入进行装配，使坡口间隙中心对准衬垫成形槽的中心线。焊件通常不开坡口，但是必须预留一定装配间隙，以便使焊剂均匀填入铜垫成形槽内，将龙门架压紧焊件和铜垫。通常焊缝两端焊接引弧板和引出板。焊接参数见表3-10。

表 3 - 10 龙门压力架-焊剂铜垫埋弧焊焊接参数

焊件厚度/mm	装配间隙/mm	焊丝直径/mm	焊接电流/A	电弧电压/V	焊接速度/(m·h⁻¹)
3	2	3	380～420	27～29	47
4	2～3	4	450～500	29～31	40.5
5	2～3	4	520～560	31～33	37.5
6	3	4	550～600	33～35	37.5
7	3	4	640～680	35～37	34.5
8	3～4	4	680～720	35～37	32

焊件厚度/mm	装配间隙/mm	焊丝直径/mm	焊接电流/A	电弧电压/V	焊接速度/(m·h⁻¹)
9	3~4	4	720~780	36~38	27.5
10	4	4	780~820	38~40	27.5
12	5	4	850~900	39~41	23
14	5	4	880~920	39~41	21.5

采用该衬垫焊接时,对焊接参数不太敏感,焊缝成形稳定,质量较好。有时也因各种因素的影响,例如铜垫与焊件未贴紧、成形槽内焊剂填充不均匀等,造成焊缝成形不良或产生气孔等缺陷。

②水冷滑块式铜衬垫。在单面焊双面一次成形埋弧焊焊接时,将水冷滑块式铜衬垫(其长度以焊接熔池底部凝固不出现焊漏为宜)装在焊件接缝的背面,处于电弧下方,焊接过程进行中随同电弧一起移动,强制焊缝背面成形。

这种单面焊双面一次成形工艺,适用于焊接 6~20 mm 的对接接头。焊件的装配和焊接是在专用的支柱胎架上进行的。水冷滑块式铜衬垫是由焊接小车上的拉紧弹簧通过焊件的装配间隙将其紧贴在焊缝的背面。图 3-13 为拉紧滚轮和水冷滑块式铜衬垫结构。装配间隙大小取决于焊件厚度,一般在 3~6 mm 之间。为了保证焊缝两端都能焊接好,应在焊缝两端加装引弧板和引出板。对于 6~20 mm 厚的钢板对接接头的焊接参数如表 3-11 所示。

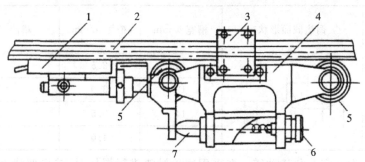

图 3-13　拉紧滚轮架移动式水冷滑块结构
1—铜滑块;2—焊件;3—拉片;4—拉紧滚轮架;
5—滚轮;6—夹紧调节装置;7—顶杆

表 3-11　水冷滑块式铜衬垫单面焊双面成形埋弧焊焊接参数

焊件厚度/mm	间隙/mm	焊丝直径/mm		焊接电流/mm		电弧电压/V		焊接速度/(m·h⁻¹)
		前	后	前	后	前	后	
6	3	4	3	500~550	250	30~31	33	37
8	3	4	3	600	250	31~32	33	37
10	4	4	3	700~750	250~350	31~32	35	33
12	4	4	3	800	300~350	32~33	35	31
14	5	5	3	850	350~400	33~35	35	28

续表 3 – 11

焊件厚度/mm	间隙/mm	焊丝直径/mm		焊接电流/mm		电弧电压/V		焊接速度/(m·h⁻¹)
		前	后	前	后	前	后	
16	5	5	3	850~900	350~400	33~35	37	25
18	6	5	3	900~950	400~450	36~37	40	21
20	6	5	3	950~1 050	400~450	36~37	40	21

使用这种形式衬垫的主要优点是一次可以焊接出双面成形的焊缝,使生产率提高。但它要求具备专用的焊接装置,而且在使用过程中铜衬垫磨损较大。

应该指出的是,以上两种衬垫只适用于固定位置的焊接和平对接接头的焊接,对焊件位置不固定的曲面焊缝则不适用。

③热固化焊剂垫。热固化焊剂垫是焊前预制的,即在一般焊剂中加入一定比例的热固化物质,如加进 4.5% 的酚醛或苯醛树脂、35% 的铁粉、17.5% 的硅铁等。当加热到 80~100 ℃时,衬垫的树脂软化或液化将周围焊剂粘结在一起,使焊剂垫变成具有一定刚性的板条。使用时将此板条紧贴在焊缝的背面,用以在焊接时支撑熔池和帮助焊缝背面成形。热固化焊剂垫的构造见图 3 – 14(a),长度约为 600 mm,可用磁铁夹具等固定(见图 3 – 14(b))。

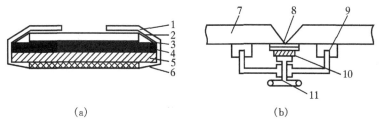

(a)　　　　　　　　　　　　　(b)

图 3 – 14　热固化焊剂垫构造和装配示意图

(a)构造;(b)装配示意图

1—双面粘贴带;2—热收缩薄膜;3—玻璃纤维布;4—热固化焊剂;5—石棉布

6—弹性垫;7—焊件;8—焊剂垫;9—磁铁;10—托板;11—调节螺钉

这种衬垫的特点是使用方便,借助双面粘贴带与焊件贴合良好,便于安装,可用来焊接任意长度的曲面及主体上的平板对接焊缝。采用该法时常用的焊接工艺参数见表 3 – 12。

表 3 – 12　热固化焊剂垫单面埋弧焊的焊接工艺

焊件厚度/mm	V 形坡口		焊件倾斜度		焊道顺序	焊接电流/A	电弧电压/V	金属粉末/mm	焊接速度/(m·h⁻¹)
	角度/°	间隙/mm	垂直/°	横向/°					
9	50	0~4	0	0	1	720	34	9	18
12	50	0~4	0	0	1	800	34	12	18
16	50	0~4	3	3	1	900	34	16	15
19	50	0~4	0	0	1 2	850 810	34 36	15 0	15

| 焊件厚度/mm | V形坡口 | | 焊件倾斜度 | | 焊道顺序 | 焊接电流/A | 电弧电压/V | 金属粉末/mm | 焊接速度/(m·h⁻¹) |
	角度/°	间隙/mm	垂直/°	横向/°					
19	50	0~4	3	3	1 2	850 810	34 36	15 0	15
19	50	0~4	5	5	1 2	820 810	34 36	15 0	15
19	50	0~4	7	7	1 2	800 810	34 34	15 0	15
19	50	0~4	3	3	1	960	40	15	12
22	50	0~4	3	3	1 2	850 850	34 36	15	15 12
25	50	0~4	0	0	1	1 200	45	15	12
32	45	0~4	0	0	1	1 600	53	25	12
22	40	2~4	0	0	前 后	960 810	35 36	12	18
25	40	2~4	0	0	前 后	990 840	35 38	15	15
28	40	2~4	0	0	前 后	900 900	35 40	15	15

　　④永久性垫板或锁底。当焊件结构允许保留永久性垫板时,厚度在 10 mm 以下的焊件可采用永久性垫板单面焊的方法。永久钢垫板的尺寸见表 3－13。垫板必须紧贴焊件表面,垫板与焊件板面间的间隙不得超过 1 mm。

　　厚度大于 10 mm 的焊件可采用锁底接头焊接的方法,如图 3－15 所示。

表 3－13　永久钢垫板的尺寸

板厚 δ	垫板厚度	垫板宽度
2~6 6~10	0.5δ (0.3~0.4)δ	4δ+5

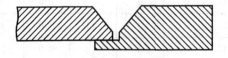

图 3－15　锁底对接接头

为了解决单面焊双面成形埋弧焊时焊接热输入造成接头韧性降低的问题,几种有效的高效率焊接方法是使用衬垫进行双丝或多丝埋弧焊、金属粉末埋弧焊以及填加金属粉末的双丝或多丝埋弧焊,这类方法既能实现单面焊双面一次成形,又可以获得高韧性的焊接接头。

(3)环缝焊　环缝埋弧焊是制造圆柱形容器最常用的一种焊接形式,它一般先在专用的焊剂垫上焊接内环缝,如图 3-16 所示,然后再在滚轮转胎上焊接外环缝焊。由于筒体内部通风较差,为改善劳动条件,环缝坡口通常不对称布置,将主要焊接工作放在外环缝,内环缝主要起封底作用。焊接时,通常采用机头不动,让焊件匀速转动的方法进行焊接,焊件转动的切线速度即是焊接速度。环缝埋弧焊的焊接工艺可以参照平板双面对接的焊接参数选取(见表 3-6 和表 3-7),焊接操作技术也与平板对接焊时的基本相同。

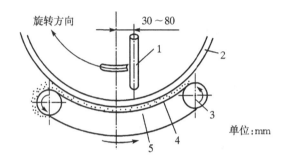

图 3-16　内环缝埋弧焊焊接示意图
1—焊丝;2—工件;3—滚轮;4—焊剂垫;5—传送带

为了防止熔池中液态金属和熔渣从转动的焊件表面流失,无论焊接内环缝还是外环缝,焊丝位置都应该逆焊件转动方向偏离中心线一定距离,使焊接熔池接近于水平位置,以获得较好成形。焊丝偏置距离随所焊筒体直径而变化,一般为 30~80 mm,如图 3-17 所示。

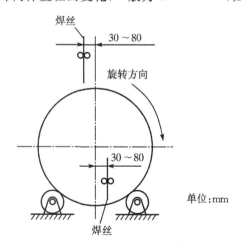

图 3-17　环缝埋弧焊焊丝偏移位置示意图

2. T 形接头和搭接接头的焊接

T 形接头和搭接接头的焊缝均是角焊缝,用埋弧焊时可以采用船形焊和横角焊两种形式。

小焊件及焊件容易翻转时多采用船形焊;大焊件及不容易翻转时则采用横角焊。

(1)船形焊　船形焊示意图如图 3-18 所示,它是将装配好的焊件旋转一定的角度,相当于在呈 90°的 V 形坡口内进行平对接焊。由于焊丝为垂直状态,熔池处于水平位置,因而容易获得理想的焊缝形状。一次成形的焊脚尺寸较大,而且通过调整焊件旋转较大角(即图 3-18 中的 α)就可以有效地控制角焊缝两边熔合面积的比例。当板厚相等,即 $\delta_1 = \delta_2$ 时,可以取 $\alpha = \beta_1 = \beta_2 = 45°$,为对称船形焊,此时焊丝与接头中心线重合,熔池对称,焊缝在两板上的焊脚相等;当板厚不相等,如 $\delta_1 < \delta_2$ 时,取 $\alpha < 45°$,此为不对称船形焊,焊丝与接头中心线不重合,使焊丝端头偏向厚板,因而熔合区偏向厚板一侧。船形焊对接头的装配质量要求较高,要求接头的装配间隙不得超过 1.5 mm。否则便需要采取工艺措施,如预填焊丝、预封底或在接缝背面设置衬垫等,以防止熔化金属从装配间隙中流失。选择焊接参数时应该注意电弧电压不能过高,以免产生咬边。此时焊缝的成形系数不大于 2 才有利于焊缝根部焊透,也可以避免咬边现象。船形焊的焊接工艺参数见表 3-14。

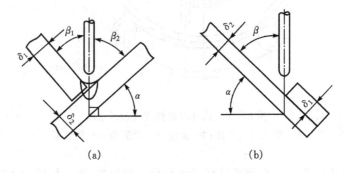

图 3-18　船形焊缝埋弧焊示意图
(a) T 形接头;(b) 搭接接头

表 3-14　船形焊的焊接工艺参数(交流电流)

焊脚高度/mm	焊丝直径/mm	焊接电流/A	电弧电压/V	焊接速度/(m·h^{-1})
6	23	450～475	34～36	40
8	3	550～600	34～36	30
8	4	575～625	34～36	30
10	3	600～650	34～36	23
10	4	650～700	34～36	23
12	3	600～650	34～36	15
12	4	725～775	36～38	20
12	5	775～825	36～38	18

(2)横角焊　当采用 T 形接头和搭接接头焊件太大,不利于翻转或因其他原因不能进行船形焊时,可采用焊丝倾斜布置的横角焊来完成,其示意图如图 3-19 所示。

横角焊在生产中应用很广,其优点是对接头装配间隙不敏感,即使间隙达到 2～3 mm,也不必采取防止液态金属流失的措施,因而对接头装配质量要求不严格。横角焊时由于熔池不

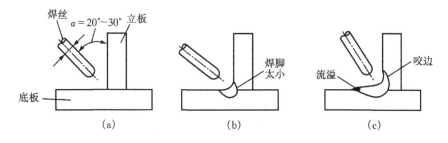

图 3 - 19　横角焊焊缝埋弧焊示意图
(a)示意图;(b)焊丝与立板间距过大;(c)焊丝与立板间距过小

在水平位置,因熔池中的液态金属自重的关系不利于立板侧的焊缝成形,使焊接时可能达到的焊脚尺寸受到限制,因而单道焊的焊脚尺寸很难超过 8 mm,更大的焊脚采用多道焊焊接。

横角焊时焊丝与焊件的相对位置对焊缝成形的影响很大,当焊丝位置不当时,易产生咬边或使立板产生未熔合,为保证焊缝的良好成形,焊丝与立板的夹角应保持在 15°~45° 范围内(一般为 20°~30°)。选择焊接参数时应该注意电弧电压不宜太高,这样可减少焊剂的熔化量而使熔渣减少,以防止熔渣流溢。使用较细焊丝可以减小熔池体积,有利于防止熔池金属的流溢,并能保证电弧燃烧的稳定。横角焊的焊接工艺参数见表 3 - 15。

表 3 - 15　横角焊的焊接工艺参数(交流电源)

焊脚高度/mm	焊丝直径/mm	焊接电流/A	电弧电压/V	焊接速度/(m·h⁻¹)
3	2	200~220	25~28	60
4	2	280~300	28~30	55
4	3	350	28~30	55
5	2	370~400	30~32	55
5	3	450	28~30	55
7	2	370~400	30~32	28
7	3	500	30~32	28

3.4.4　埋弧焊的其他方法

传统的埋弧焊是单丝的,焊接厚板时,一般开坡口双面焊。人们在长期的应用中,在不断改进常规埋弧焊的基础上,又研究和发展了一些新的、高效率的埋弧焊方法,如多丝埋弧焊、带极埋弧焊和窄间隙埋弧焊等。这些高效埋弧焊工艺方法拓宽了埋弧焊的应用领域。

1. 附加填充金属的埋弧焊

在满足焊接接头力学性能的前提下,提高熔敷速度就可以提高生产率。其基本做法是在坡口中预先加入一定数量的填充金属再进行埋弧,所加的填充金属可以是金属粉末,也可以是金属颗粒或切断的短焊丝。

附加填充金属的方法不仅可以提高生产率,还可以用来获得特定成分的焊缝金属。

2. 多丝埋弧焊

多丝埋弧焊是一种既能保证合理的焊缝成形和良好的焊接质量,又可以提高焊接生产率的有效方法。多丝埋弧焊主要用于厚板的焊接,通常采用在焊件背面使用衬垫的单面焊双面成形的焊接工艺。目前生产中应用最多的是双丝埋弧焊和三丝埋弧焊。

3. 带极埋弧焊

带极埋弧焊是用矩形截面的钢带取代圆形截面的焊丝作电极,使用焊接电流大,所以不仅可提高填充金属的熔化量,提高焊接生产率,而且可增大焊缝成形系数,即在熔深较小的条件下大大增加焊道宽度,很适合多层焊时表层焊缝的焊接,尤其适合于埋弧堆焊,因而具有很大实用价值。

4. 窄间隙埋弧焊

窄间隙埋弧焊是近年新发展起来的一种高效率焊接方法。采用窄间隙埋弧焊时坡口形状为简单的 I 形,不仅可大大减小坡口加工量,而且由于坡口截面积小,焊接时可减小焊缝的热输入和熔敷金属量,节省焊接材料和电能,并且易实现自动控制。现主要应用领域是低合金钢厚壁容器及其他重型焊接结构的焊接,主要用于水平或接近水平位置的焊接。

3.4.5　埋弧焊的常见缺陷及防止方法

埋弧焊常见的缺陷有焊缝成形不良、咬边、未焊透、气孔、裂纹、焊穿等,见表 3 - 16。

表 3 - 16　埋弧焊常见缺陷的产生原因及防止方法

缺陷名称		产生原因	防止方法
焊缝表面成形不良	宽度不均匀	1. 焊接速度不均匀; 2. 焊丝给送速度不均匀; 3. 焊丝导电不良	1. 找出原因排除故障; 2. 找出原因排除故障; 3. 更换导电嘴衬套(导电块)
	堆积高度过大	1. 电流太大而电压太低; 2. 上坡焊时倾角过大; 3. 环缝焊接位置不当(相对于焊件的直径和焊接速度)	1. 调节焊接参数; 2. 调整电压; 3. 相对于一定的焊件直径和焊接速度,确定适当的焊接位置
	焊缝金属满溢	1. 焊接速度过慢; 2. 电压过大; 3. 下坡焊时倾角过大; 4. 环缝焊接位置不当; 5. 焊接时前部焊剂过少; 6. 焊丝向前弯曲	1. 调节焊速; 2. 调节电压; 3. 调整下坡焊倾角; 4. 相对于一定的焊件直径和焊接速度,确定适当的焊接位置; 5. 调整焊剂覆盖状况; 6. 调节焊丝矫直部分
	中间凸起而两边凹陷	焊剂圈过低并有粘渣,焊接时熔渣被粘渣拖压	提高焊剂圈,使焊剂覆盖高度达 30～40 mm

缺陷名称	产生原因	防止方法
气　孔	1.接头未清理干净； 2.焊剂潮湿； 3.焊剂(尤其是焊剂垫)中混有垃圾； 4.焊剂覆盖层厚度不当或焊剂斗阻塞； 5.焊丝表面清理不净； 6.电压过高	1.接头必须清理干净； 2.焊剂按规定烘干； 3.焊剂必须过筛、吹灰、烘干； 4.调节焊剂覆盖层高度,疏通焊剂斗； 5.焊丝必须清理,清理后应尽快使用； 6.调整电压
裂　纹	1.焊件、焊丝、焊剂等材料配合不当； 2.焊丝中碳、硫含量较高； 3.焊接区冷却速度过快而致热影响区硬化； 4.多层焊的第一道； 5.焊缝成形系数太小； 6.角焊缝熔深过大； 7.焊接顺序不合理； 8.焊件刚度大	1.合理选配焊接材料； 2.选用合格焊丝； 3.适当降低焊速； 4.焊前适当预热或减小电流,降低焊速(双面焊适用)； 5.调整焊接参数和改进坡口； 6.调整焊接参数和改变极性(直流)； 7.合理安排焊接顺序； 8.焊前预热及焊后缓冷
焊　穿	焊接参数及其他工艺因素配合不当	选择适当的焊接参数
咬　边	1.焊丝位置或角度不正确； 2.焊接参数不当	1.调整焊丝； 2.调节焊接参数
未　熔　合	1.焊丝未对准； 2.焊缝局部弯曲过甚	1.调整焊丝； 2.精心操作
未　焊　透	1.焊接参数不当(如电流过小、电弧电压过高)； 2.坡口不合适； 3.焊丝未对准	1.调整焊接参数； 2.修整坡口； 3.调节焊丝
内部夹渣	1.多层焊时,层间清渣不干净； 2.多层分道时,焊丝位置不当	1.层间清渣彻底； 2.每层焊后发现咬边夹渣必须清除修复

复习思考题

1.埋弧焊与手工电弧焊相比有哪些优缺点？

2.埋弧焊的主要焊接工艺参数对焊缝形状及质量有何影响？

3.埋弧焊时,焊丝与焊剂的选配原则有哪些？

4.埋弧焊的常见故障有哪些？ 如何排除？

5.正确选择焊接工艺参数的原则是什么？

第4章　熔化极气体保护焊

【目的】

1. 了解熔化极气体保护焊设备及其作用。

2. 掌握简单熔化极气体保护焊的焊接方法。

【要求】

了解：二氧化碳焊、MIG焊的设备组成，焊接过程遇到的问题及其解决方式。

掌握：1. 短路过渡和颗粒过渡CO_2焊的焊接工艺。

2. MIG焊的特点及应用。

3. MIG焊的熔滴过渡特点、保护气体以及焊接参数的选择。

4. MIG焊的设备组成及典型的控制电路。

随着科技的发展，各种有色金属、高合金钢、稀有金属的应用越来越多。对于这些金属的焊接，只使用渣-气保护的焊条电弧焊、埋弧焊这些焊接方法是难以适应的，然而使用气体保护电弧焊就可以弥补这种局限性，而且具有独特的优越性。因此气体保护电弧焊在国内外的焊接生产中得到了广泛的应用。

4.1　熔化极气体保护焊的原理及分类

4.1.1　熔化极气体保护焊的原理、特点及分类

1. 熔化极气体保护焊的原理

熔化极气体保护焊是用熔化的焊丝与焊件之间产生的电弧作为热源，通过喷嘴向焊接区域输送气体，并连续送进焊丝的自动或半自动电弧焊方法，如图4-1所示。因为熔化极气体保护焊是依靠特殊的焊枪将保护气体连续不断地送到电弧周围，在电弧以及焊接区形成局部气体保护层，故能防止大气污染焊缝，从而保证焊接过程的稳定性，并获得高质量的焊缝。

2. 熔化极气体保护焊的特点

①由于熔化极气体保护焊不采用药皮焊条，容易实现自动化、半自动化从而提高生产率。

②因为保护气体对电弧有压缩作用，使电弧热量集中，焊接熔池和热影响区较小，所以焊接变形小、裂纹倾向不大，尤其适用于薄板焊接。

③采用的是一种明弧焊，焊接过程中电弧和熔池的加热熔化情况清晰可见，便于操作和控制。

④焊缝表面没有渣，厚件多层焊时可节省大量的层间清渣工作，生产率高、产生夹渣等焊缝缺陷的可能性小。

⑤保护气体是喷射的，可进行全位置焊接，不受空间位置的限制，有利于实现焊接过程的机械化和自动化。

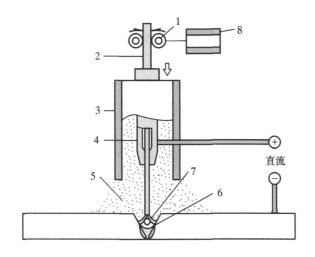

图 4-1　熔化极气体保护焊示意图

1—送丝滚轮；2—焊丝；3—喷嘴；4—导电嘴；5—保护气体；6—焊缝金属；7—电弧；8—送丝机

⑥采用氩、氦等惰性气体作为保护气来焊接化学性质较活泼的金属或合金时，可以获得高质量的焊接接头。

⑦气体保护焊焊接的过程受环境的制约，在室外作业时必须有专门的防风措施。

⑧焊枪操作灵活性差，焊接设备较复杂，对使用和维护的要求较高。

3. 熔化极气体保护焊的分类

根据在焊接过程中电极是不是熔化，气体保护焊可分为两种类型：不熔化极气体保护电弧焊和熔化极气体保护电弧焊。不熔化极气体保护电弧焊包括钨极惰性气体保护焊（一般称为 TIG 焊，T 是英语 tungsten（钨）的首字母，IG 代表 inert gas——惰性气体）、等离子弧焊（以后讲解）。熔化极气体保护电弧焊包括熔化极氩弧焊（以氩气或氩气、氦气的混合气作保护气体时称为 MIG 焊，Metal Inert Gas welding；用氩-O_2、氩-CO_2 或者氩-CO_2-O_2 等混合气体作保护气体时称为 MAG 焊，Metal Active Gas welding，电弧性质仍然是氩弧特征）、CO_2 气体保护焊以及混合气体保护焊，等等。

4.1.2　常用的保护气体种类及用途

熔化极气体保护焊常用的保护气体有：氩气（Ar）、氦气（He）、氮气（N_2）、氢气（H_2）、二氧化碳气体（CO_2）及混合气体等。

1. 氩气（Ar）和氦气（He）

氩气、氦气是惰性气体，焊接时电弧燃烧稳定，电弧力大，对化学性质活泼而易于与氧起反应的金属是非常理想的保护气体，常用于铝、镁、钛等金属及其合金的焊接。但氦气的密度比空气小，容易出现保护不良，而且提炼氦气成本较高，因此单一应用不多，常与氩气等混合使用。

2. 氮气（N_2）和氢气（H_2）

氮气和氢气是还原气体。氮可以同多数金属发生反应，是焊接中的有害气体，但是由于氮不和铜及铜合金金属反应，故对这些金属来说，氮气就相当于惰性气体。氮热导率高，电弧热功率和温度都可大大提高,并且来源广泛,价格便宜,焊接成本低。但焊接时会有飞溅产生,目前已经很少单独采用,常与氢气或其他气体混合使用。

3. 二氧化碳(CO_2)

二氧化碳是一种氧化性气体。由于二氧化碳气体来源丰富,而且成本低,因此值得推广应用,目前主要用于碳素钢及低合金钢的焊接。

4. 混合气体

混合气体是在一种保护气体中加入适当分量的另一种(或两种)其他气体。应用最广的是在惰性气体氩中加入少量的氧化性气体(CO_2,O_2 或其他混合气体),常作为焊接碳钢、低合金钢及不锈钢的保护气体。

4.2　二氧化碳气体保护焊

4.2.1　二氧化碳气体保护焊原理及特点

1. CO_2 气体保护焊的原理

CO_2 气体保护电弧焊是利用 CO_2 作为保护气体的熔化极电弧焊方法,简称 CO_2 焊。这种方法以 CO_2 气体作为保护介质,使电弧及熔池与周围空气隔离,防止空气中的氧、氮、氢等对熔滴和熔池金属有害的气体进入,从而获得优良的机械保护性能,其原理见图 4-2。

2. CO_2 气体保护焊的特点

(1)CO_2 气体保护焊的优点

①焊接生产率高。由于 CO_2 气体保护焊的焊接电流密度大,使焊缝厚度增大,焊丝的熔化率提高,熔敷速度加快;另外,焊丝又是连续送进,并且焊后没有焊渣,特别是多层

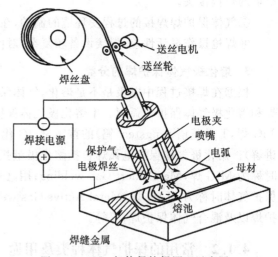

图 4-2　CO_2 气体保护焊原理示意图

焊接时,节省了清渣时间。所以生产率比焊条电弧焊高 1~4 倍。

②焊接成本低。CO_2 气体来源广泛、价格低,而且消耗的焊接电能少,所以成本仅仅为埋弧焊和焊条电弧焊的 30%~50%。

③焊接变形和焊接应力小。电弧热量集中,焊件加热面积小,同时 CO_2 气流具有较强的冷却作用,因此,焊接应力和变形小,特别适用于薄板焊接。

④焊接质量较高。CO_2 焊对铁锈的敏感性不大,因此焊缝中不易产生气孔。而且焊缝含氢量较低,抗裂性能好。

⑤适用范围广。CO_2 焊可进行各种位置的焊接,不仅适用于焊接薄板,还常用于中、厚板的焊接,而且也用于磨损零件的修补堆焊。

⑥操作简便。因为是明弧焊,所以可以很清楚地看清电弧和熔池情况,便于掌握与调整,也有利于实现焊接过程的机械化和自动化。

(2)CO_2 气体保护焊的缺点

①飞溅率较大,并且焊接表面成形较差。金属飞溅是 CO_2 焊中较为突出的问题,是主要缺点。

②很难用交流电源进行焊接,焊接设备比较复杂。

③抗风能力差,给室外作业带来一定的困难。

④不能焊接容易氧化的有色金属。

⑤弧光较强,特别是大电流焊接时,电弧辐射较强,而且操作环境中的 CO_2 的含量较大,对工人的健康不利,故应该特别重视对操作者的劳动保护。

3. CO_2 气体保护焊的分类

CO_2 气体保护焊接根据使用焊丝直径的不同,可分为细丝 CO_2 气体保护焊(焊丝直径≤1.2 mm)和粗丝 CO_2 气体保护焊(焊丝直径≥1.6 mm)。由于细丝 CO_2 气体保护焊工艺比较成熟,因此应用最广。

CO_2 气体保护焊按操作的方式分类,可以分为 CO_2 半自动焊和 CO_2 自动焊。主要区别在于:CO_2 半自动焊用手工操作焊枪完成电弧热源的移动,而送丝、送气等同 CO_2 自动焊一样,由相应的机械装置完成。CO_2 半自动焊的机动性较大,适用于不规则或较短的焊缝;CO_2 自动焊主要用于较长的直线焊缝和环形焊缝等。

4. CO_2 气体保护焊的主要应用

CO_2 气体保护焊是焊接黑色金属材料的一种高效率、低成本、节能型的焊接方法。目前在汽车制造、机车车辆制造、船舶制造、金属结构及机械制造等领域已逐渐取代了焊条电弧焊,成为应用最广泛的焊接方法之一。

4.2.2　二氧化碳气体保护焊的冶金特性

1. 合金元素的氧化与脱氧

(1)合金元素的氧化　CO_2 气体保护焊时,CO_2 气体在高温时分解成 CO 和 O,具有强烈的氧化性。其中 CO 在焊接条件下不溶于金属,也不与金属发生反应;而原子状态的氧使铁及合金元素迅速氧化,结果使铁、锰、硅等对焊缝有用的合金元素大量氧化烧毁,降低焊缝力学性能。

(2)氧化反应的结果　氧化反应中的反应生成物 SiO_2 和 MnO 会结合成硅酸盐,其密度较小,很容易浮出熔池形成熔渣。FeO 一部分成杂质浮于熔池表面;另一部分溶入液态金属中,并进一步与熔池及熔滴中的金属元素发生反应。

反应生成的 CO 气体有两种情况:

一是在高温时反应生成的 CO 气体,由于 CO 气体体积急剧膨胀,在溢出液态金属过程中,往往会引起熔池或熔滴的爆破,发生金属的烧损与飞溅。

二是在低温反应生成的 CO 气体,由于液态金属呈现较大的动力黏度和较强的表面张力,产生的 CO 无法逸出,最终留在焊缝中形成气孔。

合金元素烧损、气孔和飞溅是 CO_2 焊中三个主要的问题。

(3)CO_2 焊的脱氧　在 CO_2 电弧中,溶入液态金属中的 FeO 是引起气孔、飞溅的主要因素。同时,FeO 残留在焊缝金属中将使焊缝金属的含氧量增加而降低力学性能。

冶金上通常采取的措施是在焊丝中(或药芯焊丝的药粉中)加入足量的氧亲和力比 Fe 大的合金元素(脱氧剂),利用这些元素使 FeO 中的 Fe 还原,即使 FeO 脱氧。脱氧剂在完成脱氧任务之后,所剩余的量便作为补充合金元素留在焊缝中,起着提高金属力学性能的作用。

实践证明,用 Si,Mn 联合脱氧时效果最好。目前,应用最广泛的是 H08Mn2SiA 焊丝。

2. CO_2 气体保护焊的气孔及防止措施

(1)CO 气孔　在焊接熔池开始结晶或结晶过程中,熔池中的 C 和 FeO 反应生成的气体来不及逸出,而形成 CO 气孔。这类气孔通常出现在焊缝的根部或近表面的部位,且多呈针尖状。CO 气孔产生的主要原因是焊丝中脱氧剂不足,并且含 C 量过多。

(2)氮气孔　在电弧高温下,熔池金属对 N_2 有很大的溶解度。但当熔池温度下降时,N_2 在液态金属中的溶解度便迅速减小,会析出大量 N_2,若未能逸出熔池,便生成 N_2 气孔。N_2 气孔常出现在焊缝近表面的部位,呈蜂窝状分布。氮气孔产生的主要原因是保护气层遭到破坏使大量空气侵入焊接区域。

(3)氢气孔　氢气孔产生的主要原因是,熔池在高温时溶入了大量空气,在结晶过程中又不能充分排出,留在焊缝金属中成为气孔。氢的来源是焊件、焊丝表面的油污剂、铁锈、以及 CO_2 气体中所含的水分。CO_2 气体具有氧化性,可以抑制氢气孔的产生,只要焊前对 CO_2 气体进行干燥处理,去除水分,清除焊丝和焊件表面的杂质,产生氢气孔的可能性很小。

3. CO_2 气体保护焊的飞溅及防止措施

(1)飞溅产生的原因　飞溅是 CO_2 气体保护焊最主要的缺点,严重时甚至影响焊接过程的正常进行。产生飞溅的主要原因有:

①熔滴中的 FeO 与 C 反应产生的 CO 气体爆炸引起的飞溅;

②焊接时使用正极性焊接(焊件接正极),正离子飞向焊丝端部的熔滴,机械力冲击大,导致电弧的斑点压力增大,形成大颗粒飞溅;

③短路过渡时当熔滴与熔池接触时,由熔滴把焊丝与熔池连接起来形成液体小桥,随着短路电流的增加,液态小桥金属被加热爆断引起飞溅;

④当焊接参数选择不当时,由于电弧压力过高,电弧变长引起焊丝末端熔滴长大,产生无规则的晃动从而引起飞溅。

(2)减少金属飞溅的措施

①正确选择焊接参数:

(a)每种直径的焊丝飞溅都与焊接电流之间存在一定的规律,一般尽可能避开飞溅率高的焊接电流区域,在电流确定后匹配合适的电弧电压,以确保飞溅率最小;

(b)合理选择焊丝伸出的长度,一般焊丝长度越长,飞溅率越高,在保证正常焊接的情况下焊丝伸出长度尽可能缩短;

(c)选择焊枪角度,焊枪垂直时飞溅量最小,倾斜角度越大,飞溅越多,焊枪前倾或后倾最好不超过 $20°$。

②细滴过渡时在 CO_2 中加入 Ar 气。CO_2 气体的物理性质决定了电弧的斑点压力较大,这是 CO_2,气体保护焊产生飞溅的最主要原因。在 CO_2 气体中加入 Ar 气后,改变了纯 CO_2 气体的物理性质。实践证明,$80\%Ar+20\%CO_2$ 时飞溅率最低。

③短路过渡时限制金属液桥爆断能量。短路过渡 CO_2 焊接时,短路电流的增长速率过快,使液桥金属迅速加热,造成了热量的聚集,将导致金属液桥爆断而产生飞溅,目前具体的方法有如下几种:在焊接回路中串接附加电感,使短路电流上升缓慢也可以适当减小飞溅;采用低飞溅率焊丝,如超低碳焊丝、药芯焊丝;采用其他物质活化处理过的焊丝。

具体的 CO_2 焊焊接缺陷及其防止方法见表 4-1。

表 4-1　焊接缺陷的原因及其防止方法

焊接缺陷	可能的原因	检查项及其防止办法
气孔	1. CO_2 气体流量不足; 2. 空气混入 CO_2 中; 3. 保护气被风吹走; 4. 喷嘴被飞溅颗粒堵塞; 5. 气体纯度不符合要求; 6. 焊接处较脏; 7. 喷嘴与母材距离过大; 8. 焊丝弯曲; 9. 卷入空气	气体流量是否合适(15~25 L/min); 气瓶中气压是否>1 000 kPa; 气管有无泄漏处; 气管接头是否牢固; 风速大于 2 m/s 处应采取防风措施; 去除飞溅(利用飞溅防堵剂或机械清除); 使用合格的 CO_2 气; 不要粘附油、锈、水、脏物和油漆; 　通常为 10~25 mm,根据电流和喷咀直径进行调整 使电弧在喷咀中心燃烧; 　应将焊丝校直; 　在坡口内焊接时,由于焊枪倾斜,气体向一个方向流动,空气容易从相反方向卷入; 　环焊缝时气体向一个方向流动,容易卷入空气,焊枪应对准环缝的圆心;
电弧不稳	1. 导电嘴内孔尺寸不合适; 2. 导电嘴摩损; 3. 焊丝送进不稳; 4. 网路电压波动; 5. 导电嘴与母材间距过大; 6. 焊接电流过低; 7. 接地不牢; 8. 焊丝种类不合适	应使用与焊丝直径相应的导电嘴; 导电嘴内孔可能变大,导电不良; 焊丝是否太乱; 焊丝盘旋转是否平稳; 送丝轮尺寸是否合适; 加压滚轮压紧力是否太小; 导向管曲率可能太小,送丝不良; 一次电压变化不要过大; 该距离应为焊丝直径的 10~15 倍; 使用与焊丝直径相适应的电流; 　应可靠连接(由于母材生锈,有油漆及油污使得接触不好); 按所需的熔滴过渡状态选用焊丝
焊丝与导电嘴粘连	1. 导电嘴与母材间距太小; 2. 起弧方法不正确; 3. 导电嘴不合适; 4. 焊丝端头有熔球时起弧不好	该距离由焊丝直径决定; 　不得在焊丝与母材接触时引弧(应在焊丝与母材保持一定距离时引弧); 按焊丝直径选择尺寸适合的导电嘴; 剪断焊丝端头的熔球或采用带有去球功能的焊机

焊接缺陷	可能的原因	检查项及其防止办法
飞溅多	1.焊接规范不合适； 2.输入电压不平衡； 3.直流电感抽头不合适； 4.磁偏吹； 5.焊丝种类不合适	焊接规范是否合适,特别是电弧电压是否过高； 一次侧有无断相(保险丝等)； 　大电流(200 A 以上)用线圈多的抽头,小电流用线圈少的抽头； 改变地线位置； 减少焊接区的空隙； 设置工艺板； 按所需的熔滴过渡状态选用焊丝
电弧周期性变动	1.送丝不均匀； 2.导电嘴不合适； 3.一次输入电压变动大	焊丝盘是否圆滑旋转； 送丝轮是否打滑； 导向管的磨擦阻力可能太大； 导电嘴尺寸是否合适； 导电嘴是否磨损； 电源变压器容量够不够； 附近有无过大负载(电阻点焊机等)
咬边	1.焊接规范不合适； 2.焊枪操作不合理	电弧电压是否过高,焊速是否过快； 焊接方向是否合适； 焊枪角度是否正确； 焊枪指向位置是否正确； 改进焊枪摆动方法
焊瘤	1.焊接规范不合适； 2.焊枪操作不合理	电弧电压是否过低、焊速是否过慢； 焊丝干伸和是否过大； 焊枪角度正确否； 焊枪指向位置正确否； 改进焊枪摆动方法
焊不透	1.焊接规范不合适； 2.焊枪操作不合理； 3.接头形状不良	是否电流太小、电压太高、焊速太低； 焊丝干伸长是否太大； 焊枪角度正确否(倾角是否过大)； 焊枪指向位置正确否； 坡口角度和根部间隙可能太小； 接头形状应适合于所用的焊接方法
烧穿	1.焊接规范不合适； 2.坡口不良	是否电流太大,电压太低； 坡口角度是否太大； 钝边是否太小,根部间隙是否太大； 坡口是否均匀
夹渣	焊接规范不合适	正确选择焊接规范(适当增加电流、焊速)； 摆动宽度是否太大； 焊丝干伸长是否太大

4.2.3　二氧化碳气体保护焊的焊接材料

二氧化碳气体保护焊的焊接材料主要指 CO_2 气体及焊丝。

1. CO_2 气体

(1) CO_2 气体的性质　　CO_2 气体来源广泛,可由专门厂家提供也可以是食品厂的副产品。CO_2 气体是无色、无味和无毒的气体。由于 CO_2 由液态变为气态的沸点很低,为 $-78.48℃$,所以焊接用的 CO_2 一般是将其压缩成液态,常温自动气化。

(2) 提高 CO_2 气体纯度的措施　　焊接用的 CO_2 气体纯度应该大于 99.5%,含水量不超过 0.05%,否则会降低焊缝的力学性能,焊缝也容易产生气孔。目前许多厂家生产的 CO_2 气体纯度不稳定,为确保 CO_2 气体的纯度,可采取如下措施。

①倒置排水:将 CO_2 气瓶倒置 1～2 小时,使水分下沉,然后打开阀门放水 2～3 次,每次放水间隔 30 分钟。

②正置放气:更换新气前,先将 CO_2 气瓶正立放置 2 小时,打开阀门放气 2～3 分钟,以排出混入瓶内的空气和水分。

③使用干燥器:在 CO_2 气路中串接几个过滤式干燥器,用以干燥含水较多的 CO_2 气体。

2. 焊丝

CO_2 焊焊丝既是填充金属又是电极,所以焊丝既要保证一定的化学成分和力学性能,又要保证具有良好的导电性和工艺性能。对焊丝的要求如下。

(1) 对脱氧的要求　　焊丝必须含有一定数量 Mn 和 Si 等脱氧元素,以防止产生气孔,减小飞溅并提高焊缝金属的力学性能。

(2) 对 C,S,P 含量的要求　　焊丝的含碳量要低,要求 $\omega_C < 0.11\%$,这对于避免气孔及减小飞溅是很重要的,对于一般焊丝要求硫及磷含量 $\omega_{(S,P)} \leqslant 0.04\%$。

(3) 焊丝表面镀铜　　为防锈及提高焊丝的导电性,焊丝表面最好镀铜。

目前我国 CO_2 焊用的主要焊丝品种是 H08Mn2Si 类型,这类焊丝采取 Si,Mn 联合脱氧,具有很好的抗气孔能力。Si 和 Mn 元素也起合金化的作用,使焊缝金属具有较高的力学性能。表 4-2 为 CO_2 焊常用焊丝牌号、化学成分及用途。

表 4-2　CO_2 焊常用焊丝牌号、化学成分及用途

焊丝牌号	合金元素含量(质量分数)/%										用途
	C	Si	Mn	Ti	Al	Cr	Mo	V	S	P	
H10MnSi	<0.14	0.6～0.9	0.8～1.1	—	—	<0.20	—	—	<0.03	<0.04	焊接低碳钢和低合金钢
H08MnSi	<0.10	0.7～1.0	1.0～1.3	—	—	<0.20	—	—	<0.03	<0.04	焊接低碳钢和低合金钢
H08Mn2SiA	<0.10	0.65～0.95	1.8～2.1	—	—	<0.20	—	—	<0.03	<0.035	焊接低碳钢和低合金钢
H04MnSiAlTiA	<0.04	0.4～0.8	1.4～1.8	0.35～0.65	0.2～0.4	—	—	—	<0.025	<0.025	焊接低碳钢和低合金钢
H10MnSiMo	<0.14	0.7～1.1	0.9～1.2	—	—	<0.20	0.15～0.25	—	<0.03	<0.04	焊接低合金高强钢

焊丝牌号	合金元素含量(质量分数/%)										用途
	C	Si	Mn	Ti	Al	Cr	Mo	V	S	P	
H08MnSiCrMoA	<0.10	0.6~0.9	1.5~1.9	—	—	0.8~1.1	0.5~0.7	—	<0.03	<0.03	焊接低合金高强钢
H08MnSiCrMoVA	<0.10	0.6~0.9	1.2~1.5	—	—	0.95~1.25	0.6~0.8	0.25~0.4	<0.03	<0.03	焊接低合金高强钢
H08Cr3Mn2MoA	<0.10	0.3~0.5	2.0~2.5	—	—	2.5~3.0	0.35~0.5	—	<0.03	<0.03	焊接贝氏体钢

4.2.4　二氧化碳气体保护焊设备

CO₂ 焊所用的设备有半自动 CO₂ 焊设备和自动 CO₂ 焊设备两类。其中 CO₂ 半自动焊在生产中应用较为广泛。CO₂ 自动焊与 CO₂ 半自动焊相比仅仅多了焊车行走机构。

半自动 CO₂ 焊设备由焊接电源、送丝机构、焊枪、供气系统、控制系统等几部分组成,如图 4-3 所示。

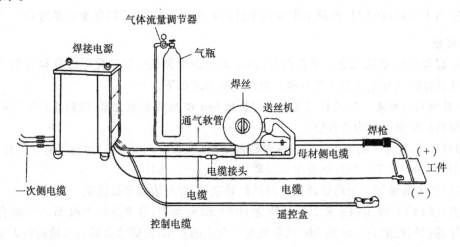

图 4 - 3　半自动 CO₂ 焊设备

(1)焊接电源　CO₂ 焊采用交流电源焊接时,电弧不稳,飞溅大,所以一般采用直流电源且反极性连接。根据不同直径焊丝 CO₂ 焊的焊接特点,一般细焊丝采用等速送丝式焊机,配合平特性电源;粗焊丝采用变速送丝式焊机,配合下降特性电源。

(2)送丝系统　根据使用焊丝直径的不同,送丝系统可分为等速送丝式和变速送丝式。通常焊丝直径≥3 mm 时采用变速送丝方式,焊丝直径≤2.4 mm 时采用等速送丝式。

半自动气体保护焊机的焊丝送给方式有推丝式、拉丝式、推拉丝式三种,如图 4-4 所示。拉丝式是将焊丝盘、送丝机构与焊枪连接在一起,这样就不用软管,避免了焊丝通过软管的阻力,送丝均匀稳定,但结构复杂,重量增加。拉丝式只适用于细焊丝(直径为 0.5~0.8 mm),操作的活动范围较大。拉丝式是将焊丝盘、送丝机构与焊枪分离,焊丝通过一段软管送入焊枪,因而焊枪结构简单,重量减轻。但焊丝通过软管时会受到阻力作用所以限制了软管的长度,通常焊丝直径在 0.8 mm 以上,焊枪的操作范围在 2～4 mm 以内,目前多采用这种焊枪。推拉式是将前两种送丝方式的优点结合起来,增加了送丝距离(增加到 15 mm 左右)并且操作比较灵活,但焊枪及送丝机构较为复杂。

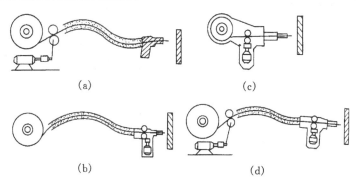

图 4-4 半自动焊机送丝方式示意图
(a)推丝式;(b),(c)拉丝式;(d)推拉丝式

　　(3)焊枪　焊枪的作用是送气、送丝和导电。要求焊枪满足:送丝均匀、导电可靠、气体保护良好,结构简单、经久耐用、维修简便,使用性能良好。焊枪按用途可以分为半自动焊枪和自动焊枪。

　　①半自动焊枪。一般按焊丝给送的方式不同,半自动焊枪分为推丝式和拉丝式两种。其中推丝式焊枪常用的形式有两种:一种是鹅颈式焊枪,如图 4-5 所示;另一种是手枪式焊枪,如图 4-6 所示。这些焊枪的主要特点是结构简单、操作灵活,但焊丝经过软管产生的阻力较大,故所用的焊丝不宜过细,多用直径 1 mm 以上焊丝焊接。焊枪的冷却方法一般采用自冷式,水冷式焊枪不常用。拉丝式焊枪的结构如图 4-7。其主要特点是一般均做成手枪式,送丝均匀稳定,引入焊枪的管线少,焊接电缆较细,尤其是其中没有送丝软管,所以管线柔软,操作灵活。但因为送丝部分(包括微电机、减速器、送丝滚轮和焊丝盘等)都安装在枪体上,所以焊枪比较笨重,结构较复杂,通常适用于直径 0.5～0.8 mm 的细丝焊接。

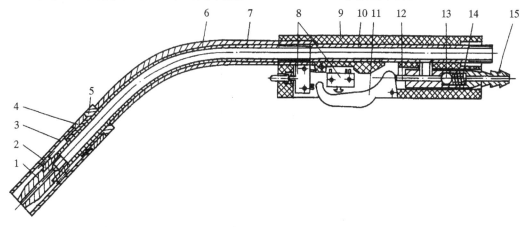

图 4-5 鹅颈式焊枪
1—导电嘴;2—分流环;3—喷嘴;4—弹簧管;5—绝缘套;6—鹅颈管;7—乳胶管;
8—微动开关;9—焊把;10—枪体;11—扳机;12—气门推杆;13—气门球;14—弹簧;15—气阀嘴

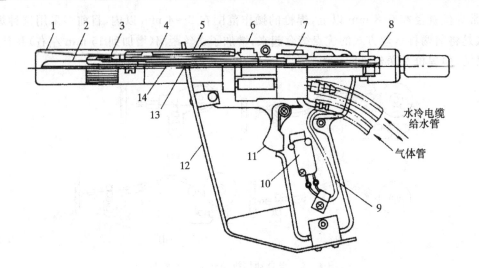

图 4-6　手枪式焊枪的构造

1—焊枪；2—焊嘴；3—喷嘴；4—水筒装配件；5—冷却水通路；6—焊枪架；

7—焊枪主体装配件；8—螺母；9—控制电缆；10—开关控制杆；

11—微型开关；12—防弧盖；13—金属丝通路；14—喷嘴内管

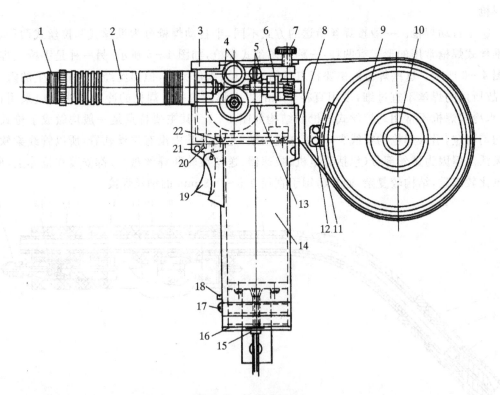

图 4-7　拉丝式焊枪

1—喷嘴；2—外套；3—绝缘外壳；4—送丝滚轮；5—螺母；6—导丝杆；7—调节螺杆；8—绝缘外壳；9—焊丝盘；

10—压栓；11,15,17,21,22—螺钉；12—压片；13—减速箱；14—电动机；16—底板；

18—退丝按钮；19—扳机开关；20—触点

②自动焊枪。CO_2 自动焊枪一般都安装在自动焊机上(焊接小车或焊接操作机),不需要手工操作,自动焊多用于大电流情况,所以枪体尺寸都比较大,以便提高气体保护和水冷效果,枪头部分与半自动焊枪类似。

③焊枪的喷嘴和导电嘴。喷嘴是焊枪上的重要零件,其作用是向焊接区域输送保护气体,以防止焊丝端头、电弧和熔池与空气接触。喷嘴形状多为圆柱形,也有圆锥形。喷嘴内孔直径与电流大小有关,通常为 12~24 mm。电流较小时,喷嘴直径小,电流较大时,喷嘴直径大。喷嘴采用紫铜或陶瓷材料制作。

导电嘴的材料要求导电性良好、耐磨性好和熔点高,一般选用紫铜、铬紫铜或钨青铜。导电嘴孔径的大小对送丝速度和焊丝伸出长度有很大影响。如孔径过大或过小,会造成工艺参数不稳定而影响焊接质量。

喷嘴和导电嘴都是易损件,需要经常更换,所以应便于装拆。并且结构应简单、制造方便且成本低廉。

(4)CO_2 焊供气系统　CO_2 焊供气系统由 CO_2 贮气钢瓶、预热器、干燥器、减压阀、流量计和电磁气阀组成,如图 4-8 所示。其中 CO_2 贮气钢瓶是把 CO_2 气体经压缩后,以液态储存在钢瓶中。钢瓶外表漆成黑色,并在钢瓶表面上标明"CO_2"黄色字样。预热器要安装在贮气瓶与干燥器中间,并尽量装在靠近钢瓶出气口处。除非 CO_2 气体纯度较高,否则就要在减压阀前安装干燥器,使保护气体符合焊接要求。减压阀是将瓶内高压 CO_2 气体调节为低压(工作压力)气体。流量计是控制和测量 CO_2 气体的流量,以形成良好的保护气流。电磁气阀起到控制 CO_2 气体的接通与关闭作用。现在生产的减压流量调节器将预热器、减压器和流量计合为一体,使用起来很方便。

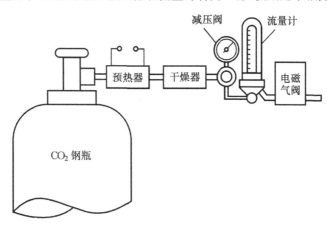

图 4-8　供气系统示意图

(5)控制系统　CO_2 焊控制系统的作用是实现对供气、送丝和供电系统的控制。CO_2 半自动焊的控制流程如图 4-9 所示。

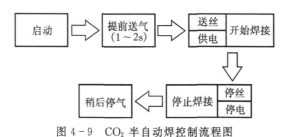

图 4-9　CO_2 半自动焊控制流程图

生产中使用的一元化调节功能焊机,焊接电源用一个旋钮调节焊接电流,控制系统会自动使电弧电压与焊接电流处于最佳匹配状态,使用时特别便利。

目前,我国定型生产使用较广的 NBC 系列 CO_2 半自动焊机有:NBC—160 型、NBC—250 型、NBC—300 型、NBC1—500 型等。此外,OTC 公司 XC 系列 CO_2 半自动焊机、唐山松下公司 KR 系列 CO_2 半自动焊机使用也较广。常用的 CO_2 半自动焊机如图 4-10 所示。

图 4-10　CO_2 半自动焊机

4.2.5　二氧化碳气体保护焊工艺

CO_2 气体保护的主要焊接参数有焊丝直径、焊接电流、电弧电压、焊接速度、焊丝伸出长度、气体流量、电源极性、回路电感、装配间隙、坡口尺寸、喷嘴至焊件的距离等。

1. 焊丝直径

焊丝直径应该根据焊件的厚度、焊接空间位置及生产率的要求来选择。当焊接薄板或中厚板进行立、横、仰焊这样的短路过渡焊接时采用细焊丝,通常焊丝直径为 0.6～1.6 mm;在平焊位置焊接中厚板时,一般采用直径 1.2 mm 以上的焊丝。焊丝直径的选择见表 4-3。

表 4-3　焊丝直径的选择

焊丝直径/mm	熔滴过渡形式	焊件厚度/mm	焊缝位置
0.5～0.8	短路过渡	1.0～2.5	全位置
	颗粒过渡	2.5～4.0	平焊
1.0～1.4	短路过渡	2.0～8.0	全位置
	颗粒过渡	2.0～12.0	平焊
1.6	短路过渡	3.0～12.0	全位置
≥1.6	颗粒过渡	>6.0	平焊

2. 焊接电流

焊接电流的大小应根据焊件的厚度、焊丝的直径、焊接位置与熔滴过渡形式来确定。随着焊接电流增加,焊缝厚度、焊缝宽度及余高都相应增加。通常直径 0.8～1.6 mm 的焊丝在短路过渡时,焊接电流在 50～230 A 内选择;颗粒过渡时,焊接电流在 250～500 A 内选择。焊丝直径与焊接电流的关系如表 4 - 4 所示。

表 4 - 4　焊丝直径与焊接电流的关系

焊丝直径	焊接电流/A	
	颗粒过渡	短路过渡
0.8	150~250	60~160
1.2	200~300	100~175
1.6	350~500	100~180
2.4	500~750	150~200

3. 电弧电压

为了不影响焊缝成形及焊接过程的稳定性,电弧电压的选择应该与焊丝直径及焊接电流有关,它们之间存在着协调匹配关系。短路过渡的电弧电压一般在 16~24 V 之间。颗粒过渡焊接时,对于直径在 1.2~3.0 mm 的焊丝,电弧电压可以选择的范围是 25~36 V。

4. 焊接速度

在一定的焊丝直径、焊接电流和电弧电压条件下,随着焊速增加,焊缝宽度与焊缝厚度减小。焊接速度过快时,不仅气体保护效果变差,还可能会出现气孔、咬边、未熔合等缺陷;但速度过慢时,焊接生产率降低,焊接变形增大。所以一般 CO_2 半自动焊的焊接速度在 15~40 m/h 范围内选择。

5. 焊丝伸出长度

焊丝直径的大小决定了焊丝伸出的长度,一般焊丝伸出长度大约是焊丝直径的 10 倍,并且不超过 15 mm。在焊接电流相同时,随着伸出长度增加,焊丝熔化速度也增加。伸出长度过长会使电弧不稳,也会使飞溅严重,气体保护效果差;伸出长度过小会使飞溅物堵塞喷嘴,也影响保护效果,并且影响焊工观察电弧。

6. CO_2 气体流量

保护气体流量与焊接电流、焊接速度、焊丝伸出长度及喷嘴直径等有关。影响气体保护效果的主要因素是气体流量不足,喷嘴高度过大,喷嘴上附着大量飞溅物,特别是强风的影响。流量过小电弧不稳,流量过大气体紊流。一般在细丝 CO_2 焊时,CO_2 气体流量为 8~15 L/min;粗丝 CO_2 焊时,CO_2 气体流量为 15~25 L/min。

7. 回路电感值

短路过渡焊接时,一般要根据焊丝直径和电弧电源选择焊接回路的串接电感值。这样可以调节短路电流增长速度,调节电弧燃烧时间,控制母材熔深。

8. 电源极性

CO_2 焊一般都采用直流反极性。这时电弧稳定、飞溅小、焊缝成形好,并且焊缝熔深大。

9. 装配间隙及坡口尺寸

因为 CO_2 焊电流密度大、电弧集中、穿透力强,所以对于 12 mm 以下的焊件不开坡口;必须要坡口的焊件角度也可以由焊条电弧焊的 60°左右减为 30°~40°,钝边相应增大 2~3 mm,

根部间隙相应减小 1~2 mm。

10. 喷嘴到焊件的距离

由图 4-11 可见,喷嘴与焊件的距离应该根据焊接电流的大小来选择。

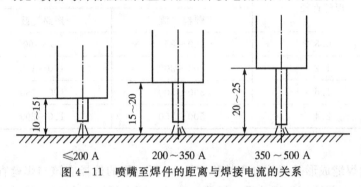

图 4-11　喷嘴至焊件的距离与焊接电流的关系

11. 焊枪的倾角

焊枪倾角也是要考虑的因素,焊枪倾角过大时(如前倾角大于 25°时),将加大熔宽并减少熔深,还会增加飞溅。当焊枪与焊件成后倾角时(电弧指向已焊焊道),焊缝窄且熔深较大,余高较高。焊枪的倾角对焊缝成形也有影响,如图 4-12 所示。焊工如果采用的是左手焊法(此时前倾角即焊件垂线与焊枪轴线的夹角为 10°~15°),比常用的右手焊法更能清楚地观察和控制熔池,而且还可得到较好的焊缝。

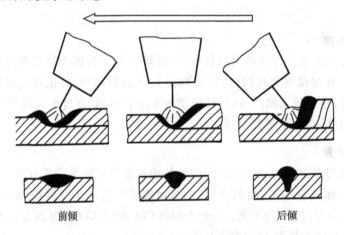

图 4-12　焊枪倾角对焊缝成形的影响

4.2.6　二氧化碳焊的焊接技术

1. 焊前准备

为了保证获得好的焊接效果,对于大多数的焊接来说,除了选择焊接设备和焊接工艺参数外,还应该做好焊前准备工作,这点对 CO_2 焊也不例外。

(1)坡口形状　细焊丝短路过渡的 CO_2 焊主要焊接薄板或中厚板,一般开 I 形坡口;粗焊丝颗粒过渡的 CO_2 焊主要焊接中厚板及厚板,可以开较小的坡口。具体的 CO_2 焊推荐坡口形状如表 4-5 所示。

表 4 - 5　CO₂ 焊推荐坡口形状

坡口形状	板厚/mm	有无垫板	坡口角度 α/°	根部间隙 b/mm	钝边高度 p/mm
I 形	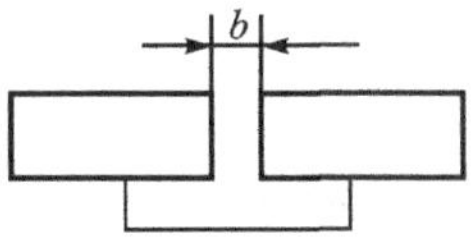 <12	无	—	0～2	—
		有	—	0～3	
半 V 形	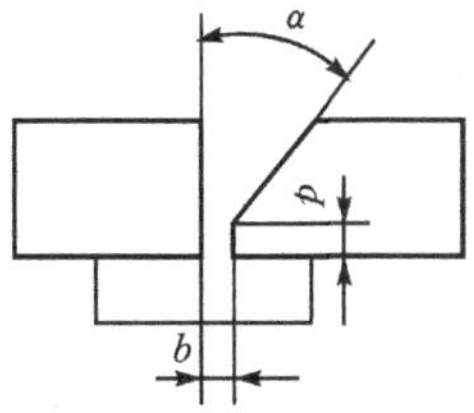 <60	无	45～60	0～2	0～5
		有	25～50	4～7	0～3
V 形	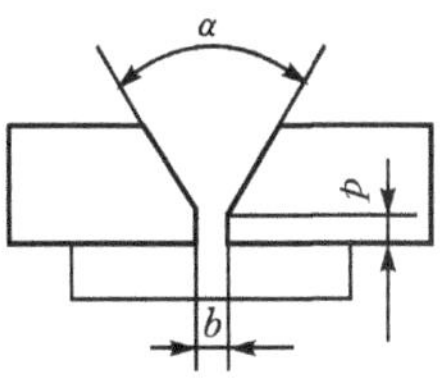 <60	无	45～60	0～2	0～5
		有	35～60	0～6	0～3
K 形	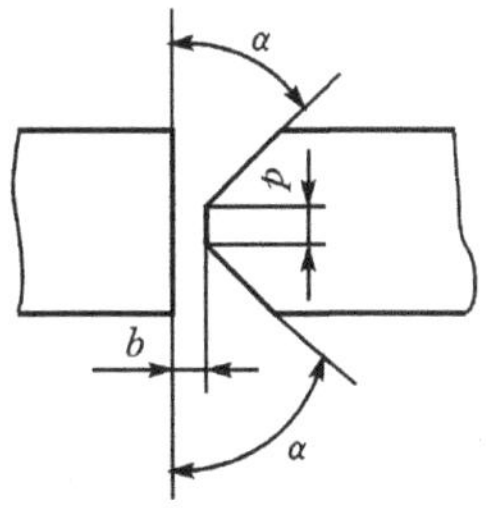 <100	无	45～60	0～2	0～5
X 形	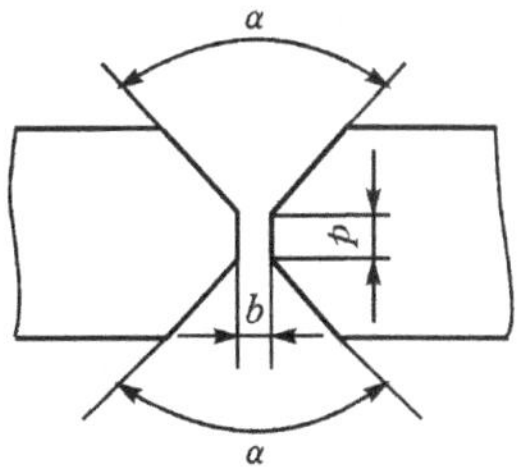 <100	无	45～60	0～2	0～5

（2）坡口加工方法与处理　加工坡口的方法主要是机械加工、气割和碳弧气刨等。因为焊缝附近有污物时，会影响焊接质量，所以焊前应将坡口周围 10～20 mm 范围内的油污、油漆、铁锈、氧化皮及其他污物清除干净。

（3）定位焊　定位焊是为了保证坡口尺寸，防止由于焊接引起的变形。焊接薄板时定位焊缝应该细而短，长度为 3～10 mm，间距为 30～50 mm；焊接中薄板时定位焊缝间距较大，达100～150 mm；如为熔透焊缝时，应该从反面进行点固。

2. 引弧与收弧

（1）引弧工艺　半自动 CO₂ 焊时习惯的引弧方式是，焊丝端头与焊接处摩擦的过程中按焊枪按钮，即通常所说的划擦引弧。一般采用短路引弧法，引弧前要把焊丝端头剪去，因为熔化形成的球形端头在重新引弧时会引起飞溅。引弧时要选好位置,采用倒退引弧法。

（2）收弧方法　焊道收尾处往往出现凹陷,它被称为弧坑。收弧过快,易在熔坑处产生裂纹和气孔,收弧的操作要比焊条电弧焊严格。应在熔坑处稍作停留,然后慢慢抬起焊炬,并在接头处使首层焊缝处重叠 20～50 mm。

4.3　熔化极惰性气体保护焊（MIG 焊）

4.3.1　熔化极惰性气体保护焊的原理及特点

1. MIG 焊的基本原理

MIG 焊是采用惰性气体作为保护气,使用焊丝作为熔化电极的一种电弧焊方法。MIG 焊使用的保护气体通常为氩气、氦气或它们的混合气体。由于惰性气体本身不溶于液态金属,也不与金属反应,因而具有良好的保护效果。在惰性气体的保护下电弧在焊丝与焊件之间燃烧,焊丝连续送进并不断熔化,熔化的熔滴也不断向熔池过渡与液态的焊件金属熔合,经冷却凝固后形成优质的焊缝。MIG 焊在高合金材料和非铁金属及其合金材料的焊接生产中占有很重要的位置。

2. MIG 焊的特点

（1）焊接质量好　由于采用的保护气体不与金属反应,因此合金元素不会氧化烧损,而且也不溶解于液态金属。所以惰性气体保护焊的保护效果好,并且飞溅极少,能获得较为纯净及优质的焊缝。

（2）焊接生产率高　由于用焊丝作为电极,可以采用大电流密度进行焊接,因此母材熔深深,焊丝熔化速度快,焊接大厚度铝、铜及合金时比以后要学到的钨极惰性气体保护焊的生产率高。与焊条电弧焊相比,能够连续送丝,节省时间,焊缝不需要清渣,可采用大电流密度进行焊接,所以生产率高。

（3）焊接的适用范围很广　MIG 焊几乎可以焊接所有的金属,特别适宜于焊接化学性质活泼的金属和合金。由于惰性气体价格贵,目前主要用于焊接非铁金属及其合金、不锈钢、低合金钢等。

（4）MIG 焊的缺点　由于无脱氧去氢作用,因此对母材及焊丝上的油、锈敏感,另外,MIG 焊的抗风能力差,设备比较复杂。

3. MIG 焊的应用

MIG 焊适合焊接低碳钢、低合金钢、耐热钢、不锈钢、有色金属及其合金。不宜用于焊接低熔点低沸点金属材料如铅、锡、锌等。目前广泛用于中等厚度、大厚度铝及铝合金板材的焊接中。

MIG 焊可分为半自动焊和自动焊两种。自动焊适用于焊接较规则的纵缝、环缝以及水平位置的焊接;半自动焊接大多用于定位焊、短焊缝、断续焊缝以及铝容器中封头、管接头、加强圈等工件的焊接。

4.3.2　熔化极惰性气体保护焊的设备

MIG 焊设备与 CO_2 焊基本相同,主要也是由焊接电源、供气系统、送丝机构、控制系统、半自动焊枪、冷却系统等部分组成。熔化极自动氩弧焊设备与半自动焊设备相比,多了一套行走机构,并且通常将送丝机构与焊枪安装在焊接小车或专用的焊接机头上,这样可以使送丝机构更为简单可靠。

(1)焊接电源　MIG 焊的时候,一般都采用直流反接。熔化极半自动氩弧焊机由于多用细焊丝施焊,使用的焊丝直径一般小于 2.5 mm,所以采用等速送丝式系统,配用平外特性电源。熔化极自动氩弧焊机自动调节工作原理与埋弧焊基本相同。选用细焊丝时采用等速送丝系统,配用缓降外特性的焊接电源;选用粗焊丝时,使用的焊丝直径常大于 3 mm,采用变速送丝系统,配用陡降外特性(恒流)的焊接电源,以保证自动调节作用及焊接过程稳定性。熔化极自动氩弧焊大多采用粗焊丝。

(2)送丝机构　MIG 焊的送丝机构和 CO_2 焊相似,分为推丝式、拉丝式和推拉丝式。如果采用细焊丝焊接铝及铝合金的话,一般选用拉丝式和推拉丝式比较好。

(3)焊枪　焊枪分为半自动焊枪和自动焊枪,有水冷和气冷两种形式。对半自动焊枪,当焊接电流小于 150 A 时,使用气冷式焊枪;当焊接电流大于 150 A 时,则使用水冷式焊枪。自动焊枪大多采用的是水冷式焊枪。熔化极惰性气体保护焊的半自动焊枪和自动焊枪如图 4－13 和 4－14 所示。

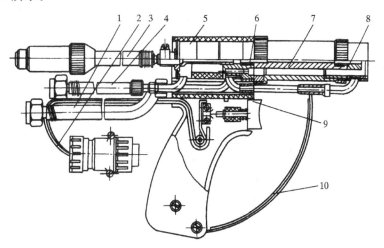

图 4－13　Q—1 型熔化极惰性气体保护焊半自动焊枪
1—水冷电缆;2—控制线;3—送丝管;4—进气管;5—手把;6—铜筛网;7—导电管;
8—导电嘴;9—扳机;10—护板

(4)控制系统　控制系统的主要作用是:引弧前预先送气,焊接停止时延迟停气,送丝控制和速度调节,控制主回路的通断等。

(5)供气、供水系统　供气系统主要由氩气瓶、减压阀、流量计及电磁气阀等组成;供水系统主要用来冷却焊枪,防止焊枪烧损。

我国定型生产的熔化极半自动氩弧焊机有 NBA 系列,如 NBA—500 型等,熔化极自动氩弧焊机有 NZA 系列,如 NZA—1000 型等。

4.3.3　熔化极氩弧焊的焊接工艺

焊前应该对焊件和焊丝进行机械和化学清理。为了获得良好的焊接质量,必须合理地选择熔滴过渡形式与焊接工艺参数,并要采取相应的措施。

1. 熔滴过渡特点

MIG 焊常常采用一种介于短路过渡和射流过渡之间的特殊形式,称为亚射流过渡。这种过渡形式短路时间很短,短路电流对熔池的冲击力很小,过程稳定,焊缝成形美观;另外,焊接时焊丝的熔化系数随电弧的缩短而增大,从而使亚射流过渡可采用等速送丝配以恒流外特性电源进行焊接,弧长由熔化系数的变化实现自身调节。并且由于亚射流过渡时,电弧电压、焊接电流基本保持不变,所以焊缝熔宽和熔深比较均匀。同时,电弧下潜熔池之中,热利用率高,加速焊丝的熔化,对熔池的底部加热也加强了,从而改善了焊缝根部熔化状态,有利于提高焊缝的质量。亚射流过渡由于采用的弧长较短,可提高气体保护效果,降低焊缝产生气孔和裂纹的倾向。

2. 焊接保护气体与焊丝

MIG 焊常用的保护气体有氩气、氦气和它们的混合气体。

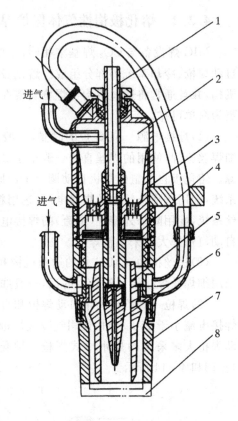

图 4-14　熔化极惰性气体保护焊自动焊枪
1—铜管;2—镇静室;3—导流体;4—铜筛网;
5—分流套;6—导电嘴;7—喷嘴;8—帽盖

(1)氩气(Ar)　氩气是一种惰性气体,焊接时电弧燃烧稳定,电弧力大,焊接飞溅极小,但容易形成"指状"焊缝。

(2)氦气(He)　氦气的作用类似与氩气,氦气的电离电压高,热导率高,因此电弧具有更大的功率,即对母材的热输入较大。但氦气的密度比空气小,容易出现保护不良,而且提炼氦气成本较高,因此应用不多。

(3)Ar+He,Ar+N_2　采用 Ar+He 混合气体作为 MIG 焊的保护气体,兼具两种气体的优点,电弧功率大、温度高、熔深大,可以焊接导热性强、厚度大的有色金属如铝、钛、锆、镍、铜及其合金,可以改善焊缝成形、减少气孔并提高焊接生产率。

3. 焊接工艺参数的选择

选择合适的焊接工艺参数是保证高质量焊缝和生产率的前提条件。熔化极惰性气体保护焊的焊接工艺参数主要有焊丝直径、焊接电流、电弧电压、焊接速度、保护气流量、焊丝伸出长度、喷嘴直径等。

(1)焊丝直径　焊丝直径根据焊件的厚度及熔滴过渡形式来选择。细焊丝(直径小于或等于 $\phi 1.2$ mm)以短路过渡为主,主要用于焊接薄板和全位置焊接;粗焊丝以射流过渡为主,用于厚板平焊位置。焊丝直径的选择见表 4-6。

表 4 - 6　焊丝直径的选择

焊丝直径/ mm	工件厚度/ mm	施焊位置	熔滴过渡形式
0.8	1～3	全位置	短路过渡
1.0	1～6	全位置、单面焊双面成形	
1.2	2～12		
	中等厚度、大厚度	打底	
1.6	6～25	平焊、横焊或立焊	射流过渡
	中等厚度、大厚度		
2.0	中等厚度、大厚度		

（2）焊接电流　焊接电流应根据焊件厚度、焊接位置、焊丝直径及熔滴过渡形式来选择。表 4 - 7 列出了低碳钢熔化极氩弧焊的典型焊接电流范围。

表 4 - 7　低碳钢熔化极氩弧焊的典型焊接电流范围

焊丝直径/ mm	焊接电流/A	熔滴过渡方式	焊丝直径/ mm	焊接电流/A	熔滴过渡方式
1.0	40～150	短路过渡	1.6	270～500	射流过渡
1.2	80～180		1.2	80～220	脉冲射流过渡
1.2	220～350	射流过渡	1.6	100～270	

（3）电弧电压　电弧电压主要影响熔滴的过渡形式及焊缝成形，一般选择焊接电压的时候需要考虑和焊接电流是否匹配。匹配良好时，电弧稳定、飞溅少、焊缝熔合情况良好。

（4）焊接速度　焊接速度和焊接电流联系紧密，速度不能过大也不能过小，否则很难获得满意的焊接效果。焊速过快可能产生未焊透、熔合情况不佳、焊道太薄、保护效果差、气孔等缺陷；焊速太慢则可能出现焊缝过热、烧穿、成形不良、生产率太低等现象。

（5）焊丝位置　焊丝和焊缝的相对位置会影响焊缝成形，焊丝的相对位置有前倾、后倾和垂直三种。前倾时，熔深大，焊道窄，余高大；后倾时，熔深小，余高小；垂直焊时，效果介于前两者之间（参见 CO_2 焊）。

（6）喷嘴直径和喷嘴端部至焊件的距离　MIG 焊喷嘴直径一般为 20 mm 左右，氩气流量在 30～60 L/min 范围内，喷嘴端部至焊件的距离保持在 12～22 mm 之间，见表 4 - 8 的喷嘴高度推荐值（参见 CO_2 焊）。

表 4 - 8　喷嘴高度推荐值

电流大小/A	＜200	200～250	350～500
喷嘴高度/ mm	10～15	15～20	20～25

综上所述，在选择 MIG 焊的焊接工艺参数时，应先根据工件厚度、坡口形式选择焊丝直径，再由熔滴过渡形式确定焊接电流，并配以合适的电弧电压，其他参数的选择应以保证焊接过程稳定及焊缝质量为原则。各个焊接参数之间不是独立的，而是需要互相配合，才能获得稳定的焊接过程且得到优质的焊缝。表 4 - 9、表 4 - 10、表 4 - 11 列出了铝合金及不锈钢 MIG 焊的焊接工艺参数。

表 4-9　铝及铝合金 MIG 焊的焊接工艺参数

| 板材牌号 | 焊丝牌号 | 板材厚度/mm | 坡口形式 | 坡口尺寸 | | | 焊丝直径/mm | 喷嘴孔径/mm | 氩气流量/(L·min⁻¹) | 焊接电流/A | 电弧电压/V | 焊接速度/(m·h⁻¹) | 备注 |
				钝边/mm	坡口角度/°	间隙/mm							
5A05	SAlMg5	5	—	—	—	—	2.0	22	28	240	21~22	42	单面焊双面成形
1060 1050A	1060	6	V	—	—	0~0.5	2.5	22	30~35	230~260	26~27	25	正反面均焊一层
		8	V	4	100	0~0.5	2.5	22	30~35	300~320	26~27	24~28	
		10	V	6	100	0~1	3.0	28	30~35	310~330	27~28	18	
		12	V	8	100	0~1	3.0	28	30~35	320~340	28~29	15	
		14	V	10	100	0~1	4.0	28	40~45	380~400	29~31	18	
		16	V	12	100	0~1	4.0	28	40~45	380~420	29~31	17~20	
		20	V	16	100	0~1	4.0	28	50~60	450~500	29~31	17~19	
		25	V	21	100	0~1	4.0	28	50~60	490~550	29~31	—	
		28~30	X	16	100	0~1	4.0	28	50~60	560~570	28~31	13·15	
5A02 5A03	5A03 5A05	12	V	8	120	0~1	3.0	22	30~35	320~350	28~30	24	
		18	V	14	120	0~1	4.0	28	50~60	450~470	29~30	18.7	
		20	V	16	120	0~1	4.0	28	50~60	450~470	29~30	18	
		25	V	16	120	0~1	4.0	28	50~60	490~520	29~30	16~19	
2A11	SAlSi5	50	X	6~8	75	0~0.5	4.2	28	50	450~500	24~27	15~18	也可采用双面U形坡口,钝边为6~8 mm

表 4-10　不锈钢的 MIG 焊(短路过渡)的焊接工艺参数

板厚/mm	坡口形式	焊丝直径/mm	焊接电流/A	电弧电压/V	送丝速度/(m·min⁻¹)	保护气体(体积分数)	气体流量/(L·min⁻¹)
1.6	I	0.8	85	21	4.5	90%He+7.5%Ar+2.5%CO_2	14
2.4	I	0.8	105	23	5.5	90%He+7.5%Ar+2.5%CO_2	14
3.2	I	0.8	125	24	7	90%He+7.5%Ar+2.5%CO_2	14

表 4-11　不锈钢的 MIG 焊(射流过渡)的焊接工艺参数

板厚/mm	焊丝直径/mm	焊接电流/A	电弧电压/V	送丝速度/(m·min⁻¹)	保护气体(体积分数)	气体流量/(L·min⁻¹)
3.2	1.6	225	24	3.3	98%Ar+2%O_2	14
6.4	1.6	275	26	4.5	98%Ar+2%O_2	16
9.5	1.6	300	28	6	98%Ar+2%O_2	16

4.4　熔化极活性气体保护焊

4.4.1　熔化极活性气体保护焊的原理及特点

熔化极活性气体保护焊（简称 MAG 焊）是采用在惰性气体中加入一定量的活性气体,如氩气加二氧化碳气体（$Ar+CO_2$）,氩气加氧气（$Ar+O_2$）,氩气加氧气和二氧化碳气体（$Ar+O_2+CO_2$）等作为保护气体的一种熔化极气体保护电弧焊方法。熔化极活性气体保护焊除了具有一般气体保护焊的特点外,与纯氩弧焊、纯 CO_2 焊相比还具有以下特点。

1. 与纯氩气保护焊相比

①熔化极活性气体保护焊的熔池、熔滴温度比纯氩弧焊高,电流密度大,所以熔深大,焊缝厚度大,并且焊丝熔化速度快,熔敷效率高,有利于提高焊接生产率。

②由于具有一定的氧化性,克服了纯氩保护时表面张力大、液态金属黏稠、容易咬边及斑点漂移等问题。同时改善了焊缝成形,由纯氩的指状（蘑菇）熔深成形变为深圆弧状成形,接头的力学性能好。

③由于加入了一定量的较便宜的 CO_2 气体,降低了焊接成本。但 CO_2 的加入提高了产生喷射过渡的临界电流,会引起熔滴和熔池金属的氧化及合金元素的烧损。

2. 与纯 CO_2 保护焊相比

①由于电弧温度高,容易形成喷射过渡,故电弧燃烧稳定,飞溅小,熔敷系数提高,节省了焊接材料,焊接生产率提高。

②由于大部分气体为惰性的氩气,对熔池的保护性能好,焊缝气孔产生率下降,力学性能有所提高。

③焊缝成形好,焊缝平缓,焊波细密、均匀美观,但是成本较 CO_2 焊高。

4.4.2　熔化极活性气体保护焊常用混合气体及应用

1. 氩气加氧气（$Ar+O_2$）

氩气中加入氧气所形成的混合气体可用于碳钢、不锈钢等高合金钢和高强钢的焊接。焊接不锈钢等高合金钢和高强钢时候,常用混合比为:Ar 的含量（体积分数）95%～99%,O_2 的含量控制在 1%～5%。混合气体焊接低碳钢和低合金钢时,采用 O_2 含量 20%,Ar 的含量 80% 的混合气体。

2. 氩气加二氧化碳（$Ar+CO_2$）

氩气加二氧化碳混合气体既具有 Ar 的优点,如电弧稳定性好、飞溅小、很容易获得轴向喷射过渡等,同时又因为具有氧化性,克服了单一氩气焊接时产生的阴极漂移现象及焊缝成形不好等问题。Ar 与 CO_2 气体的比例通常为（70%～80%）：（30%～20%）。这种比例既可用于喷射过渡电弧,也可用于短路过渡及脉冲过渡电弧,但在短路过渡电弧进行垂直焊和仰焊时,Ar 与 CO_2 气体的比例最好为 50%：50%,这样有利于控制熔池。现在常用的是用 80%Ar 与 20%CO_2 焊接碳钢及低合金钢。

3. 氩气加二氧化碳气体和氧气（Ar＋CO₂＋O₂）

采用 Ar＋CO₂＋O₂ 混合气体作为保护气体焊接低碳钢、低合金钢比采用上述两种混合气体作为保护气体焊接的焊缝成形、接头质量、金属熔滴过渡和电弧稳定性好。

总之，熔化极活性气体保护焊可采用短路过渡、喷射过渡和脉冲喷射过渡进行焊接，且能获得稳定的焊接工艺性能和良好的焊接接头，适用于平焊、立焊、横焊和仰焊以及全位置焊等，尤其适用于碳钢、合金钢和不锈钢等黑色金属材的焊接。

4.4.3　熔化极活性气体保护焊的设备及工艺

1. 熔化极活性气体保护焊的设备

熔化极活性气体保护焊的设备如图 4－15 所示。与 CO₂ 气体保护设备类似，它只是在 CO₂ 气体保护设备系统中加入了氩气源和气体混合配比器而已。

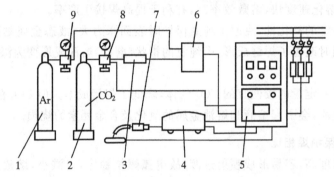

图 4－15　熔化极活性气体保护焊设备组成示意图
1—Ar 气瓶；2—CO₂ 气瓶；3—干燥器；4—送丝小车；5—焊接电源；
6—混合气体配比器；7—焊枪；8,9—减压流量计

2. 熔化极活性气体保护焊的焊接工艺

熔化极活性气体保护焊的焊接工艺内容和工艺参数的选择原则与 MIG 焊相似。不同的就是由于保护气有一定的氧化性必须使用含有 Si，Mn 等脱氧元素的焊丝。但是焊前清理就没有 MIG 焊要求得那么严格了。焊接低碳、低合金钢时常选用 ER50—6，ER49—1 焊丝。根据具体情况决定是否预热和焊后热处理等工艺措施。表 4－12 列出了实际中熔化极活性气体保护焊操作时的焊接工艺参数值。

表 4－12　熔化极活性气体保护焊焊接工艺参数

材质	板厚/ mm	焊丝层次	焊丝直径 / mm	焊接电流 /A	电弧电压 /V	气体流量 /(L·min⁻¹)	焊接速度 /(mm·min⁻¹)
Q235—A	16	打底层	1.2	95～105	18～19	15	250～300
		中间层	1.2	200～220	23～25		250～300
		盖面层	1.2	190～210	22～24		250～300
Q345 (16Mn)	16	打底层	1.6	250～275	30～31	25	300～350
		中间层	1.6	325～350	34～35		300～350
		盖面层	1.6	325～350	34～35		300～350
		封底层	1.6	325～350	34～35		300～350

4.5　熔化极气体保护焊的其他方法

4.5.1　药芯焊丝气体保护电弧焊的原理及特点

1. 药芯焊丝气体保护焊的原理

药芯焊丝气体保护焊的基本工作原理与普通熔化极气体保护焊一样,是以可熔化的药芯焊丝作为一个电极(通常接正极,即直流反接),母材作为另一极。通常采用纯 CO_2 或 CO_2 ＋ Ar 气体作为保护气体。与普通熔化极气体保护焊的主要区别在于焊丝内部装有焊剂混合物。焊接时,在电弧热作用下熔化状态的焊剂材料、焊丝金属、母材金属和保护气体相互之间发生冶金作用,同时形成一层较薄的液态熔渣包覆熔滴并覆盖熔池,对熔化金属形成了又一层的保护。实质上这种焊接方法是一种气渣联合保护的方法,如图 4 - 16 所示。

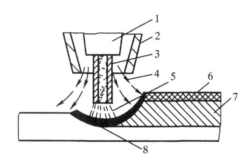

图 4 - 16　药芯焊丝气体保护焊示意图

1—导电嘴;2—喷嘴;3—药芯焊丝;4— CO_2 气体;5—电弧;
6—熔渣;7—焊缝;8—熔池

2. 药芯焊丝气体保护焊的特点

药芯焊丝气体保护焊综合了焊条电弧焊和普通熔化极气体保护焊的优点。

①因为采用了气渣联合保护,保护效果好,电弧稳定,飞溅少,抗气孔能力强,焊缝成形美观。

②由于焊丝熔敷速度快,熔敷效率和生产率都较高,生产率比焊条电弧焊高 3～5 倍。

③焊接适应性强,通过调整药粉成分与比例,可以焊接不同要求的焊缝金属。

④由于药粉改变了电弧特性,对焊接电源无特殊要求,交流、直流都适用。

⑤焊丝制造比较复杂,成本高。

⑥焊丝外表容易锈蚀,药粉容易吸潮,使用前需经 250～300℃ 的烘干。

⑦送丝困难,对送丝机构要求高,往往需要特殊的送丝机构。

4.5.2　药芯焊丝

药芯焊丝的截面形状种类较多,典型的焊丝截面形状如图 4 - 17 所示。可以分成两大类:简单断面的 O 形和复杂断面的折叠形。折叠形中又分为 T 形、E 形、梅花形和中间填丝形等。 O 形断面的焊丝通常又叫管状焊丝。管状焊丝由于芯部粉剂不导电,电弧容易沿四周的钢皮旋转,电弧稳定性较差。而折叠焊丝因钢皮在整个断面上分布比较均匀,焊丝芯部亦能导电,所以电弧燃烧稳定,焊丝熔化均匀,冶金反应完善。

由于小直径折叠焊丝制造较困难,因此一般 $d \leqslant 2.4$ mm 时的焊丝制成 O 形,$d > 2.4$ mm 时,焊丝制成折叠形。

药芯焊丝芯部粉剂的成分和焊条的药皮类似,含有稳弧剂、脱氧剂、造渣剂和铁合金等,起着造渣保护熔池、渗合金、稳弧等作用。按填充药粉的成分可分为钛型(酸性渣)、钛钙型(中性或弱碱性渣)和碱性(碱性渣)药芯焊丝。粉剂的粒度应大于 100 目,不应含吸湿性强的物质并有良好的流动性。

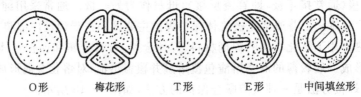

图 4-17　药芯的截面形状

4.5.3　药芯焊丝气体保护焊焊接工艺

药芯焊丝气体保护焊焊接工艺参数主要有:焊接电流和电弧电压、焊丝伸出长度、保护气体流量等。

1. 焊接电流和电弧电压

由于药芯焊丝 CO_2 电弧焊使用的焊剂成分改变了电弧特性,因此直流、交流、平特性或下降特性电源均可以使用。但通常采用直流平特性电源。当其他条件不变时,焊接电流与送丝速度成正比。当焊接电流变化时,电弧电压需做相应的变化,以保证电弧电压与焊接电流的最佳匹配关系。纯 CO_2 气体保护时,通常采用长弧焊接。

不同直径药芯焊丝 CO_2 气体保护焊常用焊接电流、电弧电压见表 4-13。

表 4-13　不同直径药芯焊丝常用焊接电流、电弧电压范围

焊丝直径	1.2	1.4	1.6
焊接电流/A	110~350	130~400	150~450
电弧电压/V	18~32	20~34	22~38

2. 焊丝伸出长度

焊丝伸出长度对电弧的稳定性、熔深、焊丝熔敷速度、电弧能量等均有影响。对于给定的焊接速度,焊丝伸出长度随焊接电流的增加而减小。焊丝伸出长度太长会使电弧不稳且飞溅过大;焊丝伸出长度太短会使电弧弧长过短,过多的飞溅物易堵塞焊嘴,使气体保护不良,焊缝中会产生气孔。通常焊丝伸出长度在 19~38 mm 范围。

3. 保护气体流量

正确的保护气体流量由焊枪喷嘴形式和直径、喷嘴到工件的距离以及焊接环境决定。通常在静止空气中焊接时,流量在 16~21 L/min 范围内,若在流动空气环境中或喷嘴到工件距

离较长时流量应加大,可能达到 26 L/min。

现将药芯焊丝半自动 CO_2 气体保护焊焊接工艺参数整理见表 4-14。

表 4-14　药芯焊丝半自动 CO_2 气体保护焊焊接工艺参数

工件厚度 / mm		坡口形式及尺寸		焊接电流/A	电弧电压/V	气体流量/ $(L \cdot min^{-1})$	备注
		坡口形式	尺寸/ mm				
3		I 形坡口 对接	$b=0\sim1$	260~270	26~27	15~16	焊一层
6			$b=0\sim2$	270~280	27~28	16~17	焊一层
9				260~270	26~27	16~17	正面焊一层
				270~280	27~28	16~17	反面焊一层
12		Y 形坡口 对接	$\alpha=40°\sim45°$ $p=3$ $b=0\sim2$	280~300	29~31	16~18	正面焊二层
15				270~280	27~28	16~17	正面焊一层
				280~290	28~30	17~18	反面焊一层
20		双 Y 形 坡口 对接	$\alpha=40°\sim45°$ $p=3$ $b=0\sim1$	300~320	30~32	18~19	正面焊一层
				310~320	31~32	17~19	反面焊一层
焊 脚 / mm	6	I 形坡口 Y 形坡口	$b=0\sim2$	280~290	28~30	17~18	焊一层
	9			290~310	29~31	18~19	焊两层两道
	12			280~290	28~30	17~18	焊两层三道
	15			290~310	29~31	19~20	焊两层三道

复习思考题

1. 熔化极气体保护电弧焊按保护气体不同可分为几类?

2. 什么是 CO_2 焊? CO_2 焊有哪些特点?

3. CO_2 焊主要用来焊接哪些金属材料?

4. 半自动 CO_2 焊的几种送丝方式各有什么特点?

5. CO_2 气体保护焊产生飞溅的原因是什么? 减少飞溅的措施有哪些?

6. CO_2 焊焊接电流、电弧电压选择不当时有何影响?

7. 药芯焊丝气体保护焊的原理及特点是什么?

8. CO_2 气体、氮气、氩气都是保护气体,它们的性质和用途有何不同?

第5章 钨极惰性气体保护焊(TIG焊)

【目的】

1. 掌握 TIG 焊的操作技术及其设备。
2. 熟悉 TIG 焊焊接工艺。

【要求】

了解:焊接电流种类和极性对 TIG 焊的影响特点及应用范围。

掌握:1. TIG 焊的基本原理、特点及应用。

2. TIG 焊焊前清理的方法,焊接工艺参数的影响及选择。

5.1 TIG 焊的原理、特点及应用

5.1.1 TIG 焊的基本原理

TIG 焊是在惰性气体的保护下,利用钨极与焊件间产生的电弧热熔化母材和填充焊丝(也可以不加填充焊丝)、形成焊缝的焊接方法,如图 5-1 所示。焊接时保护气体从焊枪的喷嘴中连续喷出,在电弧周围形成保护层空气,保护电极和焊接熔池临近热影响区,以形成优质的焊接接头。

TIG 焊时,用难熔金属钨或钨合金制成的电极基本上不熔化,故容易维持电弧长度的恒定,填充焊丝在电弧前方添加。当焊接薄件时,一般需开坡口和填充焊丝,还可采用脉冲电流以防止烧穿焊件;焊接厚大焊件时,也可以将焊丝预热后再添加到熔池中去,以提高熔敷速度。

TIG 焊一般采用 Ar 作保护气体,称为钨极弧焊。在焊接厚板、高导热率或高熔点金属等情况下,也可采用 He 或 Ar+He 混合气作保护气体;在焊接不锈钢、镍基合金时可采用 Ar+H_2 混合气作保护气体。

5.1.2 TIG 焊的特点及应用

TIG 焊与其他焊接方法相比有如下特点。

1. 焊接质量好

氩气是惰性气体,不与金属发生化学反应,合金元素不会氧化烧损,而且也不溶解于金属。焊接过程基本上是金属熔化和结晶的简单过程,因此保护效果好,能获得高质量的焊缝。

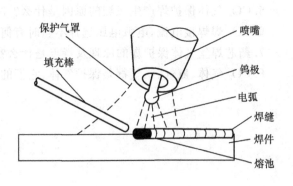

图 5-1 TIG 焊示意图

2. 可焊金属材料种类多

除了氩气能有效隔绝焊接区域周围的空气不和金属反应外,TIG 焊过程中电弧还有自动清除焊件表面氧化膜的作用。因此,可成功地焊接其他焊接方法不易焊接的、易氧化、氮化、化学活性强的有色金属、不锈钢和各种合金。

3. 适应能力强

钨极电弧稳定,即使在很小的焊接电流下也能稳定燃烧;不会产生飞溅,焊缝成形美观;热源和焊丝可分别控制,因而热输入量容易调节,特别适合于薄件、超薄件的焊接;可进行各种位置的焊接,易于实现机械化和自动化。

4. 焊接生产率低

钨极承载电流能力较差,过大的电流会引起钨极熔化和蒸发,其颗粒可能进入熔池,造成夹钨。因而 TIG 焊使用的电流小,焊缝熔深浅,熔敷速度小,生产率低。

5. 焊接成本较高

由于使用氩气等惰性气体,焊接成本高,常用于质量要求较高的焊缝及难焊金属的焊接。

5.1.3　TIG 焊的应用

TIG 焊几乎可以用于所有的钢材、非金属及其合金的焊接,特别适合于焊接其他焊接方法不易焊接的易氧化、氮化、化学活泼性强的有色金属、不锈钢和各种合金。常用于对铝、镁、钛、铜及其合金,还有难熔金属(锆、钼、钽等)材料的焊接。

TIG 焊容易控制焊缝成形及实现单面焊双面成形,主要用于薄件焊接或厚件的打底焊。脉冲 TIG 焊特别适宜于焊接薄板和全位置管道对接焊。由于钨极的载流能力有限,电弧功率受到限制,致使焊缝熔深浅,焊接速度低,TIG 一般只用于焊接厚度在 6 mm 以下的工件。

5.2　电源种类和极性对 TIG 焊的影响

钨极氩弧焊可以使用直流电也可以使用交流电。不同的电源种类和极性对焊接工艺有显著的影响。

5.2.1　直流 TIG 焊

直流 TIG 焊分为直流正极性和直流反极性两种方法。直流正极性焊接时,焊件接电源正极,钨极接电源负极。由于钨极熔点很高,热发射能力强,电弧中带电粒子绝大多数是从钨极上以热发射形式产生的电子,同时带走大量能量(对钨极产生冷却作用),所以钨极烧损少、电流承载能力大,形成深而窄的焊缝,见图 5-2(a)。该法生产率高,焊件收缩应力和变形小,钨极电流大,电弧稳定。所以除了铝、镁及其合金的焊接以外,TIG 焊一般采用直流正极性焊接。

直流反接时钨极处于阳极,大量电子撞击钨极并放出大量的热量,易使接正极的钨极过热熔化而烧损,同时由于在焊件上放出的热量不多,使焊缝熔深浅(见图 5-2(b)),生产率低,所以很少采用。但是采用直流反极性法可以去除氧化膜(这种现象称为阴极破碎或阴极清理),特别是对一般焊接很难处理的铝表面氧化层,使焊缝表面光亮美观,成形良好。所以 TIG 焊直流反接用于铝、镁及其合金的薄件焊接。

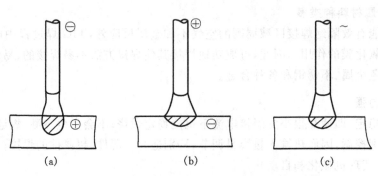

图 5-2　TIG 焊电流种类与极性对焊缝形状的影响示意图

(a)直流正极性；(b)直流反极性；(c)交流

5.2.2　交流 TIG 焊

交流 TIG 焊兼备了直流正接法和直流反接法两者的优点。在负极性半周焊件表面氧化膜"阴极破碎"作用明显；在正半周钨极得到冷却减轻钨极烧损，且此时发射电子利于电弧的稳定。焊缝形状介于直流正极性与直流反极性之间，如图 5-2(c)所示。实践证明，用交流 TIG 焊焊接铝、镁及其合金能获得满意的焊接质量。

但采用交流焊会出现直流分量及引弧和稳弧问题，必须采取措施保证焊接过程的稳定进行。交流 TIG 焊时，由于电极和焊件的电、热物理性能以及几何尺寸等方面存在差异，造成电弧电流在正、负半周不对称，见图 5-3。

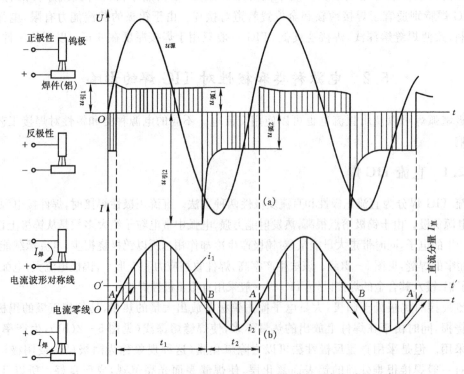

图 5-3　交流 TIG 焊时电弧电压和电弧电流波形及直流分量示意图

(a)电压波形；(b)电流波形

正半周(钨极作阴极)时电弧电流大而电压低,负半周(焊件作阴极)情况相反,电流小而电压高,同时正负半周的导电时间也不对称。这种不对称的现象相当于电流由两部分组成,一部分是交流电,另一部分是叠加在交流部分上的直流电流,如图 5-3(b)所示,后者称为直流分量,它的方向是由焊件流向钨极,相当于在焊接回路中存在一个正极性焊接电源。

直流分量出现会造成不利影响:首先使电源的工作条件恶化,造成焊接变压器发热;其次减弱阴极清理作用;再次会使电弧不稳定,严重时甚至在负半周造成电弧熄灭。通常消除直流分量的方法是在焊接回路中串联大容量电容器组。利用电容器的隔直流、通交流的作用来消除直流分量。串联了电容器后能使电流达到平衡,就如把图 5-3 的电流波形的横轴由 $O-t$ 往上平移至 $O'-t'$,使正、负半波的电流波形完全相同。

现将各种材料的电流种类与极性的选用归纳如表 5-1。

表 5-1　电源种类和极性的选择

电源种类和极性	被焊金属材料
直流正接	低碳钢、低合金钢、不锈钢、耐热钢、铜、钛及其合金
直流反接	适用于各种金属的熔化极氩弧焊,钨极氩弧焊很少采用
交流电源	铝、镁及其合金

5.3　TIG 焊设备

5.3.1　TIG 焊设备分类及组成

手工钨极氩弧焊设备主要由焊机、控制系统、焊枪、供气和供水系统等组成,如图 5-4 所示。

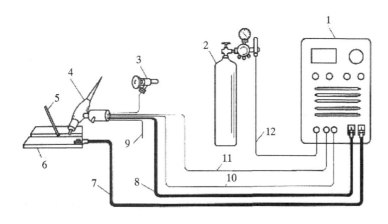

图 5-4　手工钨极惰性气体保护焊设备

1—焊接电源及控制系统;2—气瓶;3—供水系统;4—焊枪;5—焊丝;6—工件;7—工件电缆;
8—焊枪电缆;9—出水管;10—开关线;11—焊枪气管;12—供气气管

1. 焊机

焊机包括焊接电源及高频振荡器、脉冲稳弧器、消除直流分量装置等控制装置。若采用焊条电弧焊的电源,则应该配用单独的控制箱。直流钨极氩弧焊的焊机较为简单,直流焊接电源附加高频振荡器即可。

(1)焊接电源　TIG 的焊接电源有交流、直流以及脉冲三种,直流电源可采用硅弧焊整流器、晶闸管弧焊整流器或逆变电源等;交流电源有正弦交流电源和方波交流电源,这些电源从结构与要求上和一般焊条电弧焊并无多大差别,只是外特性要求更陡降些。

TIG 焊机所用电源的空载电压一般要比焊条电弧焊的空载电压高。目前使用最广泛的是晶闸管式弧焊电源和逆变电源,新型逆变式 TIG 焊机的电源与控制系统一体化,体积小、重量轻,性能指标优良。

(2)引弧及稳弧装置　由于氩气的电离能较高,难以电离,引燃电弧困难,但又不宜使用提高空载电压的方法,所以钨极氩弧焊必须使用高频振荡器来引燃电弧。对于交流电源,由于电流每秒有 100 次经过零点,电弧不稳,故还需要使用脉冲稳弧器保证重复引燃电弧,并稳弧。

高频振荡器是钨极氩弧焊设备的专门引弧装置,是在钨极和工件之间加入约 3 000 V 高频电压,这种焊接电源空载电压只要 65 V 左右即可达到钨极与焊件非接触而点燃电弧的目的。高频振荡器一般仅供焊接时初次引弧,不用于稳弧,引燃电弧后马上切断。

脉冲稳弧器是施加一个高压脉冲而迅速引弧,并保持电弧连续燃烧,从而起到稳定电弧的作用的设备。

2. 焊枪和喷嘴

(1)焊枪　TIG 焊焊枪的作用是夹持电极、导电及输送保护气体。目前国内使用的焊枪大体上有两种:一种是气冷式焊枪,用于小电流(最大电流不超过 100 A)焊接,其外形结构见图 5-5;另一种是水冷式焊枪,供焊接电流大于 100 A 时使用,其结构见图 5-6。气冷式焊枪利用保护气流冷却导电部件,不带水冷系统,结构简单,使用轻巧灵活。水冷式焊枪结构比较复杂,焊枪稍重。使用时两种焊枪皆应注意避免超载工作,以延长焊枪寿命。

TIG 焊焊枪的标志由形式符号及主要参数组成。焊枪的形式符号由两位字母表示,主要表示其冷却方式:"QQ"表示气冷,"QS"表示水冷。形式符号后面的数字表示焊枪参数,主要有喷嘴中心线与手柄轴线夹角及额定焊接电流等。

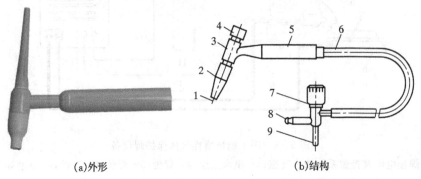

(a)外形　　　　　　　　　　　　　　(b)结构

图 5-5　气冷式氩弧焊枪

1—钨极;2—陶瓷喷嘴;3—枪体;4—短帽;5—手把;6—电缆;

7—气体开关手枪;8—通气接头;9—通电接头

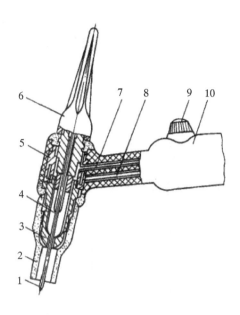

图 5-6　水冷式 TIG 焊焊枪结构

1—钨电极；2—陶瓷喷嘴；3—导气套管；4—电极夹头；

5—枪体；6—电极帽；7—进气管；8—冷却水管；

9—控制开关；10—焊枪手柄

(2)喷嘴　喷嘴的形状和尺寸对气流的保护性能影响很大。图 5-7 所示为常见的喷嘴形式。其中圆柱形喷嘴喷出的气流不会因截面变化而引起流速的变化,容易保持层流,保护效果最好,应用广泛；圆锥形的喷嘴,因氩气流速变快,所以气体挺度虽好一些,但容易造成紊流致使保护效果较差,但操作方便,便于观察熔池,所以也经常使用。

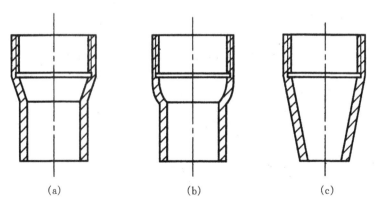

图 5-7　常见喷嘴形式示意图

(a)圆柱带锥形；(b)圆柱带球形；(c)圆锥形

3. 供气和供水系统

　　TIG 焊的供气系统与 MIG 焊相同,主要包括氩气瓶、减压器、流量计及电磁气阀等,其组成如图 5-8 所示。

供水系统主要用来冷却焊接电缆、焊枪和钨极。如果焊接电流小于 100 A,就不需要水冷。为保证冷却水可靠接通并有一定的压力才能启动焊接设备,通常在氩弧焊设备中设有保护装置——水压开关。

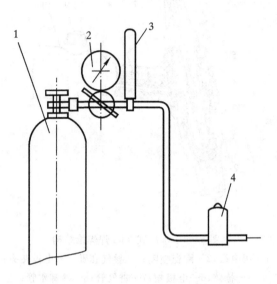

图 5-8　TIG 焊供气系统示意图

1—气瓶;2—减压器;3—流量计;4—电磁气阀

4. 控制系统

钨极氩弧焊的控制系统是通过控制线路,对供电、供气、引弧与稳弧等各个阶段的动作程序实现控制的。图 5-9 为交流手工钨极氩弧焊的控制流程图。

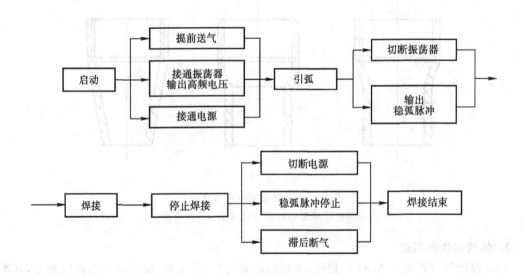

图 5-9　交流手工钨极氩弧焊控制流程

5.3.2　TIG 焊设备常见故障及处理方法

手工钨极氩弧焊设备常见的故障有水、气路堵塞或泄漏,焊枪钨极夹头未焊紧引起电弧不稳,焊件与地线接触不良或钨极不洁引不起弧,焊机熔断器断路、焊枪开关接触不良使焊机不能正常启动等,常见故障分析及处理方法见表 5-2。

表 5-2　钨极氩弧焊设备常见故障分析及处理方法

故障特征	产生原因	排除方法
电源接通,指示灯不亮	1.开关损坏; 2.熔丝烧断; 3.控制变压器损坏; 4.指示灯损坏	1.更换开关; 2.更换熔丝; 3.更换变压器; 4.更换指示灯
控制线路放电,但焊机不能启动	1.焊枪上的开关接触不良; 2.启动继电器有故障; 3.控制变压器损坏或接触不良	1.更换焊枪的开关; 2.检修继电器; 3.检修或更换控制变压器
有振荡器放电,但引不起弧	1.电源与焊件接触不良; 2.焊接电源接触器触点烧坏; 3.控制线路故障	1.检修; 2.检修接触器; 3.检修控制线路
引弧后焊接过程中电弧不稳	1.稳弧器有故障; 2.消除直流元件故障; 3.焊接电源线路接触不良	1.检查稳弧器; 2.更换直流元件; 3.检修焊接电源
焊机启动后无氩气输出	1.气路堵塞; 2.电磁气阀故障; 3.控制线路故障; 4.延时线路故障	1.清理气路; 2.更换电磁气阀; 3.检修控制线路; 4.检修延时线路
无振荡或振荡火花微弱	1.脉冲引弧器或高频振荡器故障; 2.火花放电间隙不对; 3.放电盘云母击穿; 4.放电器电极烧坏	1.检修; 2.调节放电盘间隙; 3.更换云母; 4.更换放电器电极

5.3.3　常用 TIG 焊焊机型号及技术数据

钨极氩弧焊机按电源性质可分为直流钨极氩弧焊机、交流钨极氩弧焊机和脉冲钨极氩弧焊机。直流钨极氩弧焊机型号有 WS—250,WS—400 等;交流钨极氩弧焊机型号有 WSJ—300,WSJ—500 等;交直流钨极氩弧焊机型号有 WSE—150,WSE—400 等;脉冲钨极氩弧焊机型号有 WSM—200,WSM—400 等。

1. 手工直流钨极氩弧焊机型号及技术数据

手工直流钨极氩弧焊机型号及技术数据见表 5-3。

表 5 - 3　手工直流钨极氩弧焊机型号及技术数据

型　号	WS—250	WS—300	WS—400
输入电源/V/Hz	380/50	380/50	380/50
额定输入容量/kW	18	22.5	30
电流调节范围/A	25～250	30～340	60～45
负载持续率/%	60	60	60
工作电压/V	11～22	11～23	13～28
电流衰减时间/s	3～10	3～10	3～10
滞后停气时间/s	4～8	4～8	4～8
冷却水流量/(L·min^{-1})	>1	>1	>1
外形尺寸/ mm	690×500×1 140	690×500×1 140	740×540×1 180
质量/kg	260	270	350

2. 手工交直流钨极氩弧焊机型号及技术数据

手工交直流钨极氩弧焊机型号及技术数据见表 5-4。

表 5 - 4　手工交直流钨极氩弧焊机型号及技术数据

型　号	WSE—250	WSE—300	WSE—400
输入电源/V	380	380	380
空载电压/V	82	85	96
工作电压/V	16	11～20	12～28
电流调节范围/A	15～180	25～250	50～450
负载持续率/%	35	60	60
外形尺寸/ mm	654×466×722	810×620×1 020	560×500×1 000
质量/kg	155	235	344

3. 手工交流钨极氩弧焊机型号及技术数据

手工交流钨极氩弧焊机型号及技术数据见表 5-5。

表 5 - 5　手工交流钨极氩弧焊机型号及技术数据

型　号	WSJ—300	WSJ—400—1	WSJ—500
输入电源/V	380	380	380
工作电压/V	22	26	30
负载持续率/%	60	60	60
电流调节范围/A	50～300	50～400	50～500
额定电流/A	300	400	500
外形尺寸/ mm	540×466×800	550×400×1 000	760×540×900
质量/kg	490	490	492

5.4　TIG 焊工艺

5.4.1　焊前清理与保护

1. 焊前清理

TIG 焊对焊前清理的要求与 MIG 焊一样,清理方法有机械清理、化学清理,同时也采用两种方法交替进行。具体内容在前面已经叙述,这时不再赘述。

2. 保护措施

采用 TIG 焊制造的产品多为薄壁结构,控制焊接变形和保证熔透而不烧穿是制造中的关键技术。被焊接件越薄,制造难度越大。以薄板对接为例,保护措施的基本要求是严格控制装配的间隙和错边量,并尽可能使接头能处在刚性固定下施焊。

手工 TIG 焊时,当遇到焊件形状复杂或单件生产等特殊情况而不易采用夹具装配时,允许用定位焊临时固定,板越薄需要焊点越密。自动 TIG 焊对装配的质量要求比手工 TIG 焊更严格。

薄板($\delta \leqslant 1$ mm)对接不加填充金属的 TIG 焊,一般是单面焊双面成形。用自动 TIG 焊时,不能用定位焊,需要在接头背面使用铜衬垫(如图 5-10 所示),铜衬垫上还可以开一些适当的槽口,以使能通保护气进行背面保护,在夹紧状态下进行焊接。此时宜采用图 5-11 所示的琴键式指形夹具,指形夹头位于焊缝两侧,沿焊缝长度均匀分布,两边指形夹头可独立地用手动或脚踏开关来控制机械系统。

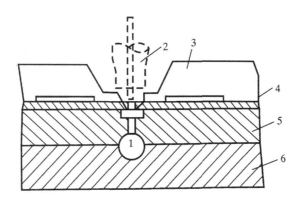

图 5-10　铜衬垫
1—气体槽口;2—焊枪;3—夹头;4—工件;5—铜衬垫;6—底座

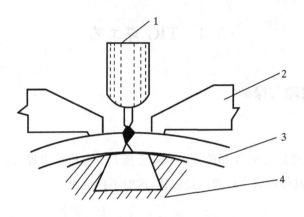

图 5 - 11　琴键式指形夹头

1—焊枪；2—指形夹头；3—工件；4—铜衬垫

　　薄板通常在剪切下料后即可装配焊接，不需再进行端面加工。如果切边上有斜切口，装配时应注意正反向，如图 5 - 12 所示。

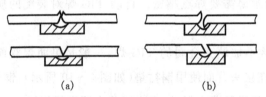

图 5 - 12　薄板对接剪切口的装配

(a)正确；(b)不正确

5.4.2　焊接工艺参数及选择

　　TIG 焊的焊接工艺参数有：焊接电流、电弧电压（电弧长度）、焊接速度、填丝速度、保护气体流量与喷嘴孔径、钨极直径与形状等。合理的焊接工艺参数是获得优质焊接接头的重要保证。

1. 焊接工艺参数对焊缝成形和焊接过程的影响

　　TIG 焊时，可采用填充焊丝或不填充的方法形成焊缝。不填充焊丝法，主要用于薄板焊接。如厚度在 3 mm 以下的不锈钢板，可采用不留间隙的卷边对接，焊接时不填充焊丝，而且可实现单面焊双面成形。填充或不填充焊丝焊接时，焊缝成形的差异如图 5 - 13 所示。

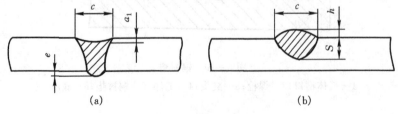

图 5 - 13　TIG 焊焊缝截面形状

(a)不填充焊丝；(b)填充焊丝

(1)焊接电流　焊接电流是 TIG 焊的主要参数。一般随着焊接电流的增大,凹陷深度 a_1、背面焊缝余高 e、熔透深度 S 以及焊缝宽度 c 都相应地增大,而焊缝余高 h 相应地减小。当焊接电流太大时,易引起焊缝咬边、焊漏等缺陷;反之,焊接电流太小时,易形成未焊透焊缝。在选择焊接电流时应考虑母材、厚度、接头形式和焊接位置等因素。

(2)电弧电压　电弧电压是随着电弧长度的变化而变化的。弧长增加,则电弧电压增加,焊缝熔宽 c 和加热面积都略有增大。但弧长超过一定范围后,会因电弧热量的分散使热效率下降,电弧力对熔池的作用减小,熔宽 c 和熔化面积减小。同时,考虑到电弧长度过长,气体保护效果会变差的因素,一般在不短接的情况下,尽量采用短弧焊接。不加填充焊丝焊接时,弧长一般控制在 $1\sim3$ mm;加填充焊丝焊接时,弧长 $3\sim6$ mm。

(3)焊接速度　焊接时,焊缝获得的热输入反比于焊接速度。在其他条件不变的情况下,焊接速度越大,热输入越小,则焊接凹陷深度 a_1、熔透深度 S、熔宽 c 都相应减小,焊缝可能还会产生未焊透、气孔、夹渣和裂纹等,同时气体保护效果会变差;反之,焊接速度过小,上述成形参数都增大,焊缝易产生焊穿和咬边现象。焊接速度对气体保护效果的影响如图 5-14 所示。

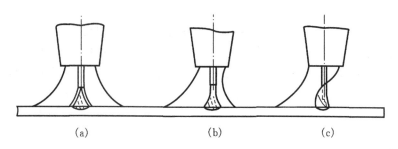

图 5-14　焊接速度对气体保护效果的影响

(a)静止;(b)正常速度;(c)速度过快

(4)钨极材料、直径和端部形状

①钨极材料的选择。常用钨极分纯钨、钍钨及铈钨等。钍钨及铈钨是在纯钨中分别加入微量稀土元素钍的氧化物($0.3\%\sim2\%\mathrm{ThO_2}$)或铈的氧化物($0.5\%\sim2\%\mathrm{CeO}$)制成。纯钨极价格比较便宜,而且使用交流电时整流效应小(即直流分量的影响小),电弧稳定;但引弧性能及导电性能差,截流能力小,使用寿命短。

②钍钨极及铈钨极导电性能好,载流能力强,有较好的引弧性能,使用寿命长;缺点是价格较贵,使用交流电时整流效应大且电弧稳定性差。同时钍和铈均为稀土元素,有一定的放射性,其中铈钨极放射性较小。不同材料电极对电源空载电压的要求及许用电流见表 5-6 和表 5-7。

表 5-6　不同材料电极对电源空载电压的要求

电极材料 \ 被焊材料	可靠引弧所需的空载电压/V	
	铜	不锈钢
纯钨	95	95
WTh—10	40~65	55~70
WTh—15	35	40
WCc—20	—	30~35

表 5-7　不同材料电极的许用电流比较

电极材料 电极直径	许用电流/A		
	纯钨极	钍钨极	铈钨极
1.0	20~60	15~80	20~80
1.6	40~100	70~150	50~160
2.0	60~150	100~200	100~200
3.0	140~180	200~300	—
4.0	240~320	300~400	—
5.0	300~400	420~520	—
6.0	350~450	450~550	—

③钨极直径与钨极端部形状。钨极直径的选择取决于焊件厚度、焊接电流的大小、电流种类和极性。原则上应尽可能选择小的钨极直径来承担所需要的焊接电流。此外,钨极的许用电流还与钨极的伸出长度及冷却程度有关,如果伸出长度较大或冷却条件不良,则许用电流将下降。一般钨极的伸出长度为 5~10 mm。

钨极端部形状对电弧的稳定性及焊缝成形影响很大。在使用直流电源焊接薄板或焊接电流较小时,为便于引弧和稳弧可用小直径钨极并磨成约 20℃ 的尖锥角;电流较大时,电极锥角小将导致弧柱的扩散,焊缝成形呈熔深小而宽度大的状态,电流越大,上述变化越明显。因此,当采用大电流直流 TIG 焊时,应将电极磨成钝角或平顶锥形,这样可减小弧柱扩散,对焊件加热集中;交流 TIG 焊时,为了避免钨极为正的半波对钨极的烧损,一般将钨极端部磨成半球形,如图 5-15 所示。

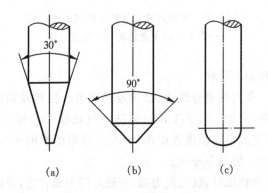

图 5-15　常用的电极端部形状
(a)直流小电流;(b)直流大电流;(c)交流

磨削钨极应采用硬磨料精磨砂轮,要采用纵向打磨钨极的方法,不要横向打磨,因为横向打磨的钨极易使电流受约束、电弧漂移。打磨时应尽量保持钨极几何形状的均匀一致。打磨钍、铈钨极时,应采用密封式或抽风式砂轮机,焊工应带口罩,磨完后应洗净手脸;另外,应将打磨下来的粉末收集起来进行深埋处理。

(5)填丝速度与焊丝直径　焊丝的直径、焊丝电流、焊接速度、接头间隙大时,填丝速度快。填丝速度选择不当,可能造成焊缝出现未焊透、烧穿、焊缝凹陷、焊缝推高以及成形不光滑等缺陷。

焊丝直径与焊接板厚及接头间隙有关。当板厚及接头间隙大时,焊丝直径可选大一些。焊丝直径选择不当可能造成焊缝成形不好,焊缝堆高或未焊透等缺陷。

(6)保护气体流量和喷嘴直径　保护气体流量和喷嘴直径的选择主要考虑气体保护效果的好坏,同时也要考虑焊接电流和电弧长度的影响。

2. 焊接参数的选择

在焊接过程中,每一项参数都直接影响焊接质量,而且各参数之间又相互影响,相互制约。为了获得优质的焊缝,除注意各焊接参数对焊缝成形和焊接过程的影响外,还必须考虑各参数的综合影响,即应使各项参数合理匹配。

TIG 焊时,首先应根据焊件材料的性质与厚度参考现有资料确定适当的焊接电流和焊接速度进行试焊;再根据试焊结果调整有关参数,直至符合要求。

表 5-8、表 5-9 分别列出了几种常见材料 TIG 焊的焊接工艺参数,可作为选择焊接工艺参数时的参考。

表 5-8　不锈钢对接接头手工 TIG 焊焊接工艺参数

板厚 / mm	坡口 形式	焊接 位置	焊道 层数	焊接电流 /A	焊接速度 /(mm·min^{-1})	钨极直径 / mm	焊丝直径 / mm	氩气流量 /(L·min^{-1})
1	I 形 $b=0$	平 立	1 1	50～80 50～80	100～120 80～100	1.6	1	4～6
2.4	I 形 $b=0～1$	平 立	1	80～120 80～120	100～120 80～100	1.6	1～2	6～10
3.2	I 形 $b=0～2$	平 立	2	105～150	100～120 80～120	2.4	2～3.2	6～10
4	I 形 $b=0～2$	平 立	2	150～200	100～150 80～120	2.4	3.2～4	6～10
6	Y 形 $b=0～2$ $p=0～2$	平 立	3 2	180～230 150～200	100～150 80～120	2.4	3.2～4	6～10

表 5-9　铝合金对接接头手工 TIG 焊焊接工艺参数

板厚 / mm	坡口 形式	焊接 位置	焊道 层数	焊接电流 /A	焊接速度 /(mm·min^{-1})	钨极直径 / mm	焊丝直径 / mm	氩气流量 /(L·min^{-1})	喷嘴内径 / mm
1	I 形 $b=0～1$	平 立、横	1 1	65～80 50～70	300～450 200～300	1.6 或 2.4	1.6 或 2.4	5～8	8～9.5
3	I 形 $b=0～2$	平 立、横、仰	1 1	150～180 180～210	280～380 200～320	2.4 或 3.2	3.2	7～10 2～11	9.5～11

板厚 / mm	坡口 形式	焊接 位置	焊道 层数	焊接电流 /A	焊接速度 /(mm·min⁻¹)	钨极直径 / mm	焊丝直径 / mm	氩气流量 /(L·min⁻¹)	喷嘴内径 / mm
5	Y 形 $b=0\sim2$ $p=0\sim2$ $\alpha=60°\sim110°$	平 立、横、仰	1,2 1,2	230～270 200～240	200～300 100～200	4.0 或 5.0	4.0 或 5.0	8～11	13～16
9	Y 形 $b=0\sim2$ $p=0\sim2$ $\alpha=60°\sim110°$	平 立、横、仰	1 2 1,2	280～340 250～280	120～180 100～150	5.0	5.0	10～15	16
12	Y 形 $b=0\sim2$ $p=0\sim3$ $\alpha=60°\sim90°$	平	1 2 3(背)	350～400	150～200	6.4	6	10～15	16
	Y 形 $b=0\sim2$ $p=0\sim3$ $\alpha=60°\sim90°$	立、横	1,2 3 4(背)	340～380	170～270	6.4	6	10～15	16

5.4.3　脉冲 TIG 焊

脉冲 TIG 焊与一般 TIG 焊的区别在于采用可控的脉冲电流来加热焊件,以较小的基值电流(维弧电流)来维持电弧稳定燃烧。当每一次脉冲电流(也称峰值电流)通过时,焊件上就产生一个点状熔池;当脉冲电流停歇时,点状熔池冷却结晶。因此,只要合理地调节脉冲间歇时间,保证焊点间有一定的重叠量,就可获得一条连续气密的焊缝。图 5-16 为低频脉冲焊缝成形示意图。

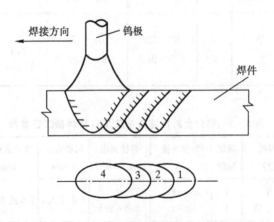

图 5-16　低频脉冲焊缝成形示意图
1,2,3,4—焊点

脉冲 TIG 焊有交流、直流之分,而根据波形不同又有矩形波、正弦波、三角波(图 5-17)

三种基本波形。无论哪种波形,脉冲 TIG 焊都有以下的基本特点。

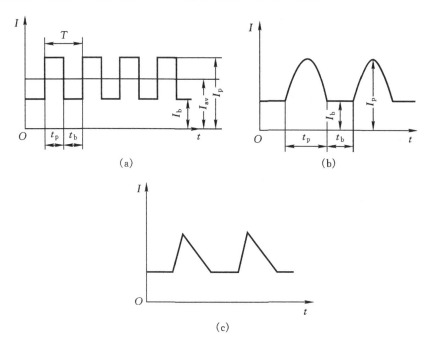

图 5 - 17　脉冲焊接电流波形示意图
(a)矩形波;(b)正弦波;(c)三角波

1. 脉冲方式加热,适用于热敏感材料的焊接

脉冲 TIG 焊时,焊件在高温停留时间短、金属冷凝快,可减少热敏感材料焊接时产生裂纹的倾向,因此,很适合于焊接敏感材料。

2. 热输入小、电弧能量集中、焊接热影响区小,利于薄板焊接

薄件焊接要求较小的焊接电流,但此时电弧不稳定,甚至很难正常焊接。在脉冲焊的脉冲电流 I_p 期间,电弧稳定、电弧压力大、指向性好、易使母材熔化;而在较低的基值电流 I_b 期间,可维持电弧不灭,使熔池凝固结晶。这样,大、小电流不断地交替,被焊件焊缝相应地熔化、凝固,既可避免大电流的烧穿现象,又能克服小电流电弧不稳的问题,能保证焊接过程的顺利进行。采用脉冲电流可减小焊接电流的平均值,获得较低的热输入。因此利用脉冲 TIG 焊,可焊接薄板或超薄件,即使焊接厚度小于 0.1 mm 的薄钢板仍能获得满意的效果。

3. 可精确控制热输入及熔池尺寸,适于全位置焊和单面焊双面成形

通过脉冲焊接参数(脉冲电流 I_p、基值电流 I_b、脉冲频率 f 等)的调节可精确地控制电弧能量及其分布,从而控制母材的线能量,获得均匀的熔深和焊缝根部均匀熔透,能很好地实现全位置焊接和单面焊双面成形。

4. 有利于细化晶粒、消除气孔、提高接头性能

脉冲 TIG 焊时,电流的变化造成电弧压力的变化,对熔池的搅拌作用增强,使焊缝金属组织细密并有利于消除气孔、咬边等缺陷。

　　由于上述特点,使脉冲 TIG 焊特别适于热敏感性强的金属材料、薄件、超薄件、全位置、窄间隙以及中厚板开坡多层焊的第一层打底焊。

复习思考题

　　1.简述生产中焊接铝、镁薄件时为什么不宜采用直流反极性钨极氩弧焊,而是优先选用钨极氩弧焊。

　　2.钨极氩弧焊常用的焊前清理方法有哪些?

　　3.钨极氩弧焊的特点是什么?

　　4.钨极氩弧焊的焊接工艺参数主要有哪些?

　　5.简述脉冲氩弧焊的特点。

第6章　等离子弧焊接与切割

【目的】

1.了解等离子弧焊接与切割的设备。

2.掌握等离子弧的形成、特性、类型及其应用。

【要求】

了解:等离子弧焊接与切割的设备,双弧产生的原因及其防治方法。

掌握:等离子弧焊接与切割的设备及工艺。

等离子弧是电弧的一种特殊形式,本质上仍然是一种气体放电现象。它是自由电弧被压缩后形成的高温、高电离、高能量密度、高焰流速度的电弧。利用这种电弧来焊接或切割的工艺方法称为等离子弧焊接或切割。

6.1　等离子弧的形成及其特性

6.1.1　等离子弧的形成

等离子弧是通过外部拘束使自由电弧的弧柱被强烈压缩所形成的电弧。通常情况下电弧除受到自身磁场和周围环境的冷却拘束外,不受其他拘束,称为自由电弧。如果把钨电极缩到水冷喷嘴内部,并且在水冷喷嘴中通一定压力和流量的离子气流,强迫电弧通过喷嘴孔道,电弧弧柱截面受到限制,电弧不能形成等离子弧,如图6-1所示。这样,电弧就受到了三种压缩作用。

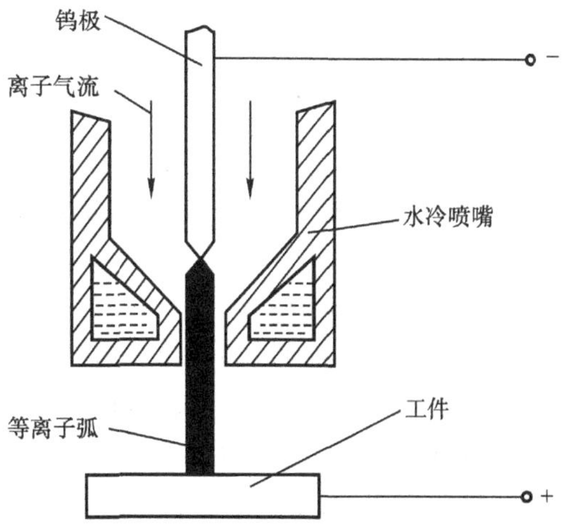

1.机械压缩作用

即弧柱受喷嘴孔径的限制,其弧柱直径被压缩变细,而不能自由扩大。

2.热收缩效应

图6-1　等离子弧的形成示意图

喷嘴水冷将使靠近喷嘴孔内壁的气体受到强烈的冷却作用,其温度和电离度均迅速下降,迫使弧柱电流向弧柱中心靠近,电弧弧柱被进一步压缩。

3.电磁收缩效应

由弧柱中同向电流线之间的相互吸引力产生的电磁收缩作用可使弧柱截面进一步缩小。

在上述三种压缩作用中,喷嘴孔径的机械压缩作用是前提,热收缩效应则是电弧被压缩的最主要原因,电磁收缩效应是必然存在的,它对压缩也起到一定作用。研究表明,电弧被压缩的程度主要与气体的成分、气体流量、喷嘴孔道形状和尺寸及电弧电流大小有关。

6.1.2　等离子弧的特性

与钨极氩弧相比,等离子弧有如下特性。

1. 等离子弧的能量密度大、温度高

等离子弧由于弧柱被强烈压缩,电场强度明显增大。因此,等离子弧能量密度可达 $10^5 \sim 10^6$ W/cm²,比钨极氩弧(约 10^5 W/cm² 以下)高,其温度可达 24 000~50 000K,也高于钨极氩弧(约 10 000~24 000K)很多。图 6-2 为两种电弧的温度分布。左侧为钨极氩弧,右侧为等离子弧。

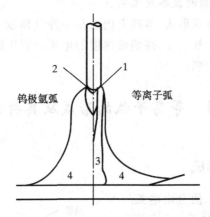

图 6-2　等离子弧和钨极氩弧的温度分布

1—24 000~50 000 K;2—18 000~24 000 K;

3—14 000~18 000 K;4—10 000~14 000 K

(钨极氩弧:200 A,15 V;等离子弧:200 A,30 V;压缩孔径:2.4 mm)

2. 等离子弧的稳定性好

其静特性曲线接近 U 形(图 6-3)。与钨极氩弧比较最大区别是电弧电压比钨极氩弧高。此外,在小电流时,钨极氩弧是陡降(负阻特性)的,易与电源外特性曲线相切,使电弧失稳。而等离子弧则为缓降或平的,易与电源外特性相交建立稳定工作点。

3. 等离子弧的挺度好,冲力大

图 6-4 所示等离子弧呈圆柱形,扩散角约 5°。焊接时,当弧长发生波动时,母材的加热面积不会发生明显变化;而钨极氩弧呈圆锥形,其扩散角约 45°,对工作距离变化敏感。

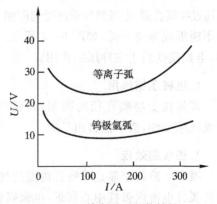

图 6-3　等离子弧的静特性

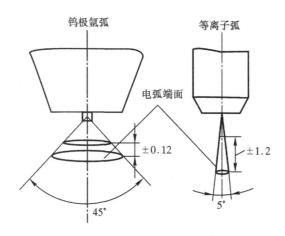

图 6-4　等离子弧和钨极氩弧的扩散角

6.1.3　等离子弧的类型及作用

按电源连接方式的不同,等离子弧有非转移型、转移型和混合型三种形式,如图 6-5 所示。

(1)非转移型等离子弧　钨极接电源负端,焊件接电源正端,等离子弧体产生于钨极与喷嘴之间,在等离子气体压送下,弧柱从喷嘴中喷出,形成等离子焰。

(2)转移型等离子弧　钨极接电流负端,焊件接电流正端,等离子弧产生于钨极和焊件之间。因为转移弧能把更多的热量传递给焊件,所以金属焊接、切割几乎都是采用转移型等离子弧。

(3)混合型等离子弧　工作时非转移弧和转移弧并存,故称为混合型等离子弧。非转移弧起稳定电弧和补充加热的作用,转移弧直接加热焊件,使之熔化进行焊接。主要用于微束等离子弧焊和粉末堆焊。

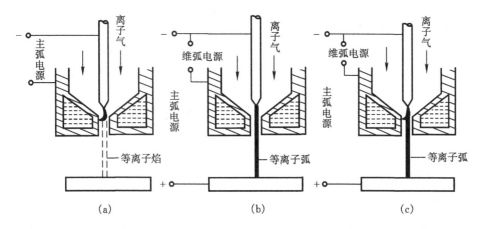

图 6-5　等离子弧的类型
(a)非转移型弧;(b)转移型弧;(c)混合型弧

6.1.4　等离子的双弧现象及防止

当采用转移型等离子弧焊接或切割时,由于某些原因在已经存在的转移弧(主弧)以外,又在喷嘴与工件之间和电极与喷嘴之间同时形成串列电弧,这种现象称为双弧,见图6-6。从图中可以看出弧2和弧3组成了导电通路,与主弧1并联。形成双弧后,正常的焊接遭到破坏,喷嘴过热,甚至导致漏水、烧毁、焊接过程中断。

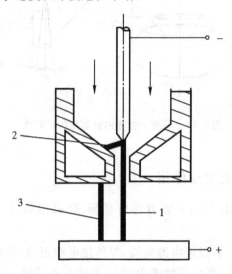

图6-6　双弧现象
1—主弧;2,3—串列弧

产生双弧的原因较复杂,影响因素很多。除了焊接工艺参数外,还与喷嘴结构形状尺寸、传热条件、气体成分与流量大小等因素有关。多数认为,产生双弧主要是弧柱与喷嘴之间的隔热绝缘层被击穿而造成的。例如,当其他因素一定时,增加焊接电流,弧柱直径增大,强柱和喷嘴之间的冷气层变薄,达到一定限度后,便可能被击穿而导电生弧。又如当等离子气成分对弧柱有较强冷却作用时,或者喷嘴水冷效果很好时,热收缩作用增强,使弧柱截面积缩小,相对地就增大了冷却层的电阻和热阻厚度,可以相应采取措施减小形成双弧的机会。增大离子气流量,也能增强对等离子弧的热收缩作用,使弧柱直径变细,有利于防止双弧现象。

6.2　等离子弧焊接与切割设备

6.2.1　等离子弧焊设备

和钨极氢弧焊一样,按操作方式,等离子弧焊设备可分为手工焊和自动焊两类。手工焊设备由焊接电源、焊枪、控制电路、气路和水路等部分组成,如图6-7所示;自动焊设备则由焊接电源、焊枪、焊接小车(或夹具)、控制电路、气路及水路等部分组成。

按焊接电流大小,等离子弧焊设备可分为大电流等离子弧焊设备和微束等离子弧焊设备。

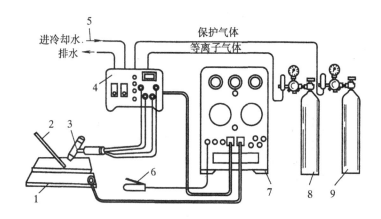

图 6-7　手工等离子弧焊设备示意图
1—工件；2—填充焊丝；3—焊枪；4—控制系统；5—水冷系统；
6—启动开关（常安在焊枪上）；7—电源；8，9—供气系统

1. 焊接电源

下降或垂直下降特性的整流电源或弧焊发电机均可作为等离子弧焊接电源。用纯氢作为离子气时，电源空载电压只需 65～80 V；用氢、氧混合气时，空载电压需 110～120 V。

大电流等离子弧都采用非转移型等离子弧，用高频引燃非转移弧，然后转移成转移弧。30 A 以下的小电流微束等离子弧焊接采用混合型弧，用高频或接触短路回抽引弧。由于非转移弧在非常焊接过程中不能切除，因此一般要用两个独立的电源。

2. 焊枪

焊枪主要由电极、喷嘴、中间绝缘体、上下焊枪、保护罩、水路、气路等组成。

等离子焊枪的设计应该保证等离子弧燃烧稳定，引弧及其转弧可靠，电弧压缩性好，绝缘、通气及其冷却可靠，更换电极方便，嘴和电极对中好，如图 6-8 所示。使用棒状电极的焊枪，其水、电、离子气及保护气接头一般都从枪体侧面连接；镶嵌式电极的水、电、离子气及其保护气接头可从焊枪顶端接入。

3. 气路系统

等离子弧焊机供气系统应能分别供给可调节离子气、保护气、背面保护气。为保证引弧和熄弧处的焊接质量，离子气可分两路供给，其中一路可经气阀

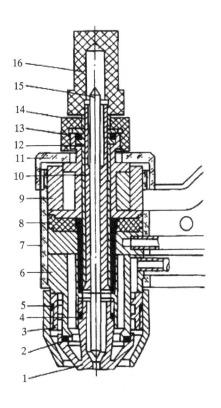

图 6-8　等离子弧焊枪示意图
1—喷嘴；2，4，5、13—密封胶圈；3—保护罩；6—下枪体；7—绝缘外壳；8—绝缘体；9—上枪体；10—钨极卡；11—外壳帽；12—钨极卡套；14—锁紧螺母；15—钨极；16—钨极帽

放空,以实现离子气流衰减控制;另一路经流量计进入焊枪,如图 6 - 9 所示。调节阀可以调节离子气的衰减时间。

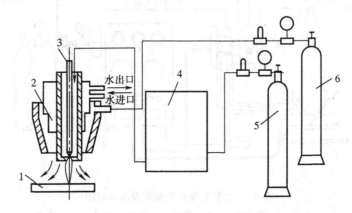

图 6 - 9　等离子弧焊的气路系统

1—焊件;2—焊枪;3—电极;4—控制箱;5—离子气瓶;6—保护气瓶

4.控制系统

　　手工等离子弧焊机的控制系统比较简单,只要能保证先通离子气和保护气,然后引弧即可;自动化等离子弧焊机控制系统通常由高频发生器、小车行走系统,填充焊口逆进拖动电路及程控电路组成。程控电路应能满足提前送气、高频引弧和转弧、离子气递增、延迟行走、电流和气流衰减熄弧、延迟停气等控制要求。

6.2.2　等离子弧切割设备

　　等离子弧切割设备与等离子弧焊接设备大致相同,主要由电源、割炬、控制系统、气路系统和水路系统等组成,如图 6 - 10 所示。如果是自动切割,还要有切割小车。主要不同之处是切割时所用的电压、电流和离子气流量都比焊接高,而且全部是离子气,不需要保护气。

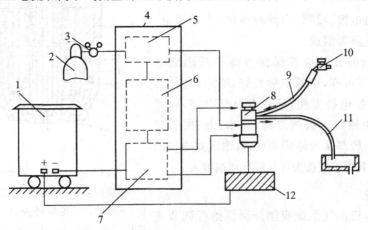

图 6 - 10　等离子切割设备组成示意图

1—电源;2—气源;3—调压表;4—控制箱;5—气路控制;6—程序控制;7—高频发生器;
8—割炬;9—进水管;10—水源;11—出水管;12—工件

1. 等离子弧切割电源

等离子弧切割与等离子弧焊接一样,一般采用陡降外特性的直流电源。为提高切割电压,要求切割电源具有较高的空载电压(一般是 150～400 V)。一般等离子弧切割设备都有配套使用的专用电源。当然还可以用两台以上普通弧焊发电机或弧焊整流器串联。

2. 割炬(割枪)

等离子割炬与大电流等离子弧焊枪的结构相似,如图 6－11 所示。主要不同是割炬没有保护气通道和保护气喷嘴。

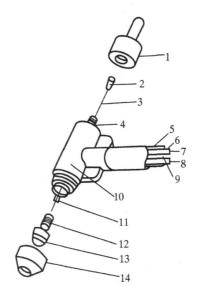

图 6－11　等离子弧割炬的构造示意图

1—割炬;2—电极夹头;3—电极;4,12—O 形环;5—工作气体进气管;6—冷却水排水管;7—切割电缆
8—小弧电缆;9—冷却水进水管;10—割炬体;11—对中块;13—水冷喷嘴;14—压帽

3. 控制系统

等离子弧切割时,控制系统应该满足下列要求:

①能提前送气和滞后停气,以免电极氧化;

②采用高频引弧,在等离子引弧后高频振荡器应该能自动断开;

③离子气流量有递增过程;

④无冷却水时切割机应该不能启动,若切割过程中断水,切割机应该能自动停止工作;

⑤在切割结束或切割过程断弧时,控制线路应该能自动断开。

4. 气路和水路系统

等离子弧切割设备的气路与等离子弧焊接的气路相比更简单,气路的作用是防止钨极氧化、压缩电弧和保护喷嘴不被烧毁,它由气瓶、减压器、流量器及电磁气阀组成。一般气体压力应该在 0.25～0.35 MPa。

常用的等离子弧切割机有 LG—400—1 型、LG—400—2 型和空气等离子弧切割机

LGK8—40型等。离子弧切割机的型号可以按照《电焊机型号的编制办法》(GB/T 10249—1988)选用。L表示等离子焊割设备,G表示切割机,K表示空气等离子,400或40表示额定切割电流。LG—400—2型等离子弧切割机的外部接线示意图如图6-12所示。国产等离子弧切割机的型号及技术数据见表6-1。

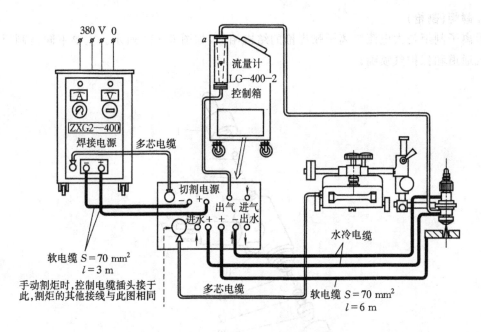

图6-12　LG—400—2型等离子弧切割机的外部接线示意图

表6-1　国产等离子弧切割机的型号及技术数据

技术数据	型号				
	LG—400—2	LG—250	LG—100	LGK—90	LGK—30
空载电压/V	300	250	350	240	230
切割电流/A	100~500	80~320	10~100	45~90	30
工作电压/V	100~500	150	100~150	140	85
负载持续率/%	60	60	60	60	45
电极直径/mm	$\phi 6$	$\phi 5$	$\phi 2.5$		
备注	自动型	手工型	微束型	压缩空气型	压缩空气型

6.3　等离子弧焊接

等离子弧焊接几乎可以焊接所有电弧焊所能焊接的材料,包括多种难熔的金属及特种金属材料,并具有很多优越性,解决了氩弧焊不能焊接极薄金属的问题。

6.3.1　等离子弧焊接的原理和特点

等离子弧焊接是借助水冷喷嘴对电弧的约束作用,获得较高能量密度的等离子弧进行焊接的一种方法。它是利用特殊构造的等离子焊枪所产生的高温等离子弧,并在保护气体的保护下熔化金属实行焊接的一种方法,如图 6-13 所示。

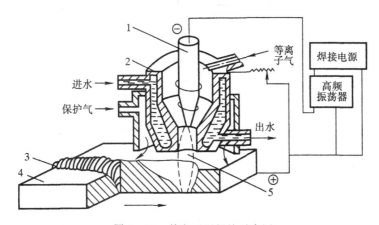

图 6-13　等离子弧焊接示意图

1—钨极;2—喷嘴;3—焊缝;4—焊件;5—等离子弧

1. 等离子弧焊接的优点

①等离子弧能量密度大,弧柱温度高,熔透能力强,在不开坡口、不填充焊丝的情况下可一次焊透 8～10 mm 厚的不锈钢板;

②焊缝质量对弧长变化不敏感,是由于电弧的形态接近圆柱形,且挺直度好,弧长变化对加热面积的影响很小,易获得均匀的焊缝形状;

③钨极缩在水冷铜嘴内部,不会与工件接触,因此可避免焊缝金属产生夹钨现象;

④等离子弧的电离度较高,电流较小时仍很稳定,可焊接微型精密零件;

⑤可产生稳定的小孔效应,通过小孔效应,正面施焊时可获得良好的单面焊双面成形。

2. 等离子弧焊接的缺点

①可焊厚度有限,一般在 25 mm 以下;

②焊枪及控制线路复杂,喷嘴使用寿命很低;

③焊接参数较多,对焊接操作人员的技术水平要求较高。

6.3.2　等离子弧焊接的应用

等离子弧焊接广泛用于工业生产,特别是航空航天等国防尖端工业技术领域所用的铜及铜合金、钛及钛合金、合金钢、不锈钢、钼等金属的焊接,如钛合金的导弹壳体、飞机上的一些薄壁容器等。

6.3.3　等离子弧焊接工艺

1. 接头形式和坡口

等离子弧焊的接头形式主要是 I 形对接接头、开单面 V 形和双面 V 形坡口的对接接头以及开单面 U 形和双面 U 形坡口的对接接头。除此还有角接接头和 T 形接头。常见的接头形式如图 6-14 所示。

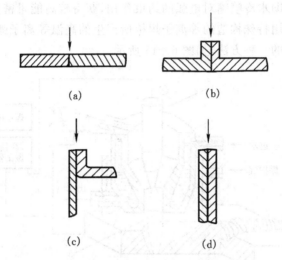

（a）　　　　　　　　　　（b）

（c）　　　　　　　　　　（d）

图 6-14　等离子弧焊接接头形式

（a）I 形对接接头；（b）卷边对接接头；（c）卷边角接接头；（d）端接接头

其中板厚小于表 6-2 所列的焊接，可以不开坡口，采用穿透型焊法一次焊透。

表 6-2　等离子弧焊一次焊透的焊件厚道

材　　料	不锈钢	钛及其合金	镍及其合金	低碳钢
厚度范围/mm	≤8	≤12	≤6	≤8

2. 等离子弧焊接方法

等离子弧焊接时，焊透母材的方式主要有穿透型等离子弧焊和熔透型等离子弧焊（包括微束等离子弧焊）两种。穿透型等离子焊只能在有限板厚内进行焊接；熔透型等离子弧焊主要用于薄板（0.5～2.5 mm 以下）的焊接及厚板的多层焊；15～30 A 以下的熔入型等离子弧焊接通常称为微束等离子弧焊接，目前已成为焊接金属薄箔的有效方法。

3. 等离子弧焊接工艺参数的选择

在采用穿透型等离子弧焊时，电弧在熔池前穿透工件形成小孔，随着热源移动在小孔后形成焊道，因此小孔的稳定是获得优质焊缝的前提。影响小孔稳定性的主要工艺参数如下。

（1）喷嘴孔径　喷嘴孔径直接决定对等离子弧的压缩程度，是选择其他参数的前提。在焊接生产中，当工件厚度增大时，焊接电流也应该增大。但一定孔径的喷嘴其许用电流是有限制的，因此应该按照工件的厚度和所需电流确定喷嘴孔径，具体见表 6-3 所示。

表 6-3　喷嘴孔径与许用电流

喷嘴孔径/ mm	1.0	2.0	2.5	3.0	3.5	4	4.5
许用电流/A	≤30	40～150	140～180	180～250	250～350	350～400	450～500

（2）焊接电流　在其他条件不变时，应该首先根据被焊焊件的材质和厚度选择焊接电流。如果电流太小，形成的小孔直径不够或不能形成，则无法实现穿透性焊接；如果电流太大，则形成小孔直径过大，熔化金属过多，造成熔池金属坠落，同时还容易引起双弧现象。因此，在喷嘴结构确定后，为了获得稳定的小孔焊接过程，焊接电流只能在某一个合适的范围内选择，而且这个范围与离子气的流量有关。

（3）离子气流量　等离子气流量是保证小孔效应的重要参数。等离子气流量增加，离子冲击力增加，穿透能力提高。但是，等离子气流量过大会使小孔直径过大而不能形成焊缝；等离子气流量过小，则焊不透。

（4）焊接速度　在其他条件不变时，提高焊接速度就能使输入到焊缝的热量减少，小孔直径减小；如果焊速过高就不能形成小孔，也就不能实现穿透法焊接。但此时若能增大电流或离子气流量，则又能实现稳定的穿透法焊接。

在穿透法焊接中，除要选择合适的焊接电流、离子气流量和焊接速度外，还要使这三个参数很好地相互匹配。一般规律是：当焊接电流一定时，若增加离子气流量，则相应增加焊接速度；当离子气流量一定时，若增加焊接速度，则相应增加焊接电流；当焊接速度一定时，若增加离子气流量，则相应减小焊接电流。

（5）喷嘴高度　喷嘴端面至焊件表面的距离。实践证明该距离最好保持在 3～8 mm。如果距离过大会增加等离子弧焊的热损失，使熔透能力减小，保护效果变差；距离过小大不便于操作，喷嘴容易被飞溅物堵塞，容易产生双弧现象。

（6）保护气成分及流量　保护气流量应该与离子气流量有一个适当的比例。如果保护气流量过大就会造成气流紊乱，影响等离子弧稳定性和保护效果。穿透法焊接时，保护气流量一般选择 15～30 L/min。

常见金属穿透型等离子弧焊接工艺参数见表 6-4 所示。

表 6-4　穿透型等离子弧焊接工艺参数

材料	厚度 / mm	电流 /A	电压 /V	焊速 /(cm·min⁻¹)	气体成分	坡口形式	气体流量/(L·min⁻¹)		备注
							离子气	保护气	
碳钢	3.2	185	28	30	Ar	I	6.1	28	
低合金钢	4.2	200	29	25	Ar	I	5.7	28	
	6.4	275	33	36			7.1		
不锈钢	2.4	115	30	61	Ar95％＋H₂5％	I	2.8	17	穿透
	3.2	145	32	76			4.7	17	
	4.8	165	36	41			6.1	21	
	6.4	240	38	36			8.5	24	
钛合金	3.2	185	21	51	Ar	I	3.8	28	
	4.8	175	25	33	Ar		8.5		
	9.9	225	38	25	Ar25％＋He75％	I	15.1		
	12.7	270	36	25	Ar50％＋He50％		12.7		
	15.1	250	39	18	Ar50％＋He50％	V	14.2		

续表 6 - 4

材料	厚度/mm	电流/A	电压/V	焊速/(cm·min⁻¹)	气体成分	坡口形式	气体流量/(L·min⁻¹)		备注
							离子气	保护气	
铜和锌	2.4	180	28	25	Ar		4.7	28	熔透
	3.2	300	33	25	He		3.8	5	
	6.4	670	46	51	He	I	2.4	28	
黄铜	$2.0(w_{Sn}30\%)$	140	25	51	Ar		3.8	28	穿透
	$3.2(w_{Sn}30\%)$	200	27	41	Ar		4.7	28	

6.4　等离子弧切割

6.4.1　等离子弧切割原理及特点

1.等离子弧切割原理

等离子弧切割是一种常用的金属和非金属材料切割工艺方法。它利用高速、高温和高能的等离子气流来局部加热和熔化被切割材料,并借助内部的或者外部的高速气流或水流将熔化材料排开直至等离子气流束穿透背面而形成割口,如图 6 - 15 所示。其切割过程不是依靠氧化反应,而是靠熔化来切割材料的。等离子弧的温度高(可达 50 000 K),目前所有金属材料及非金属材料都能被等离子弧熔化,因而它的适用范围比氧气切割要大得多。

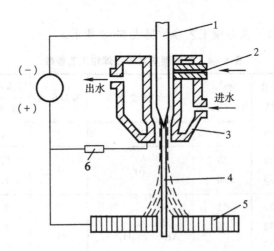

图 6 - 15　等离子弧切割示意图
1—钨极;2—进气管;3—喷嘴;4—等离子弧;5—割件;6—电阻

2.等离子弧切割的特点

(1)切割速度快、生产率高　它是目前切割速度最快的一种切割方法。

(2)应用面广　由于等离子弧的温度高、能量集中,所以能切割几乎所有的金属材料,如不锈钢、铸铁、铝、镁、铜等。在使用非转移型等离子弧时还能切割非金属材料,如石块、耐火砖、水泥块等。

(3)切口质量好　此法产生的热影响区和变形都比较小,特别是切割不锈钢时能很快通过敏化温度区间,故不会降低切口处金属的耐腐蚀性能;切割淬火倾向较大的钢材时,虽然切口处金属的硬度也会升高,甚至会出现裂纹,但是由于淬硬层的深度非常小,通过焊接过程可以消除,所以切割边可以直接用于装配焊接。

3. 等离子弧切割分类

根据工作气体不同,等离子弧切割有氩等离子弧切割、氮等离子弧切割、空气等离子弧切割方法等,其特点及应用见表 6-5 所示。

表 6-5　等离子弧切割方法及应用

等离子弧切割方法	工作气体	主要用途	切割厚度/mm	所用电极
氩等离子弧切割	$Ar+H_2$,$Ar+N_2$ $Ar+H_2+N_2$	切割不锈钢、有色金属及其合金	$4\sim150$	铈钨极
氮等离子弧切割	N_2,H_2+N_2		$0.5\sim100$	铈钨极
空气等离子弧切割	压缩空气	常用于切割碳钢和低合金钢,也可切割不锈钢、铜、铝及其合金等	$0.1\sim40$ 的碳钢和低合金钢	纯锆或纯铪

6.4.2　等离子弧切割工艺

等离子弧切割的工艺参数主要有切割电流、切割电压、气体流量、切割速度、喷嘴与割件距离等,它们直接影响切割过程的稳定性、切割质量和效果,可以根据切割材料种类、工件厚度和具体要求来选择。

(1)切割电流和切割电压　增加切割电流能提高等离子弧的功率,使切割厚度和切割速度都增大。但它受到最大允许电流的限制,因为一味增大电流会使等离子弧柱变粗、割缝宽度增加、电极寿命下降。所以切割大厚度工件时,提高切割电压更为有效。但电压过高或接近空载电压时,电弧难以稳定,为保证电弧稳定,要求切割电压不大于空载电压的 2/3。

(2)切割速度　在保证切割质量的前提下,应尽可能地提高切割速度。这不仅能提高生产率,而且能减少被割零件的变形量和割缝区的热影响区域。若切割速度不合适,其效果相反,而且会使黏渣增加,切割质量下降。

(3)气体流量　气体流量要与喷嘴孔径相适应。气体流量大,利于压缩电弧,使等离子弧的能量更为集中,提高工作电压,有利于提高切割速度和及时吹出熔化金属。但气体流量过大,从电弧中带走的热量过多,降低切割能力,不利于电弧稳定。

(4)喷嘴与割件的距离　距离要合适才能充分发挥等离子弧的切割效率,否则会使切割效率和切割质量下降。一般该距离为 $6\sim8$ mm,切割厚度较大的工件时,可增大到 $10\sim15$ mm。空气等离子弧切割所需距离要小一些,正常切割时一般为 $2\sim5$ mm。

(5)钨极端部与喷嘴的距离 钨极端部与喷嘴的距离是一个重要的参数,如图 6 - 16 中 L_y 钨极内缩量,它能极大影响电弧压缩效果及电极的烧损。为提高切割效率,在不产生"双弧"及不影响电弧稳定性的前提下,尽量增大电极的内缩量,一般取 8~11 mm 为宜。

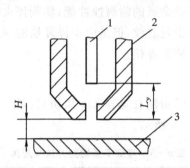

图 6 - 16 电极内缩量示意图
1—电极;2—喷嘴;3—割件;
H—喷嘴与割件距离;L_y—电极内缩量

常见金属材料等离子弧切割工艺参数见表 6 - 6。

表 6 - 6 金属材料等离子弧切割工艺参数

材料	厚度 / mm	喷嘴孔径 / mm	空载电压 /V	切割电流 /A	切割电压 /V	氮气流量 /(L·h⁻¹)	切割速度 /(m·h⁻¹)
不锈钢	8	3	160	185	120	2 100~2 300	45~50
	20	3	160	220	120~125	1 900~2 200	32~40
	30	3	230	280	135~140	2 700	35~40
	45	3.5	240	340	145	2 500	20~25
铝及铝合金	12	2.8	215	250	125	4 400	78
	21	3.0	230	300	130	4 400	75~80
	34	3.2	340	350	140	4 400	35
	80	3.5	245	350	150	4 400	10
紫铜	5			310	70	1 420	94
	18	3.2	180	340	84	1 660	30
	38	3.2	252	304	106	1 570	11.3
碳钢	50	10	252	300	110	1 230	10
	85	7	252	300	110	1 050	5
铸铁	5	—		300	70	1 450	60
	18			360	73	1 510	25
	35			370	100	1 500	8.4

6.4.3 空气等离子弧切割

采用压缩空气作为离子气的等离子弧切割称空气等离子弧切割,如图 6-17 所示。一方面由于空气来源广,因而切割成本低;另一方面用空气作离子气时,等离子弧能量大,加之在切割过程中氧与被切割金属发生氧化反应而放热,因而切割速度快。空气等离子弧切割原理如图 6-17 所示。空气等离子弧切割特别适合切割厚度在 30 mm 以下的碳钢,也可以切割铜、不锈钢、铝及其他材料。空气等离子弧切割外形及切割系统如图 6-18 所示。

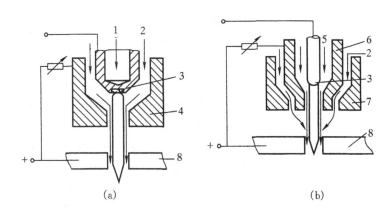

图 6-17 空气等离子弧切割方法示意图

(a)单一空气式;(b)复合式

1—冷却水;2—压缩空气;3—电极;4—喷嘴;5—工作气体;6—内喷嘴;7—外喷嘴;8—工件

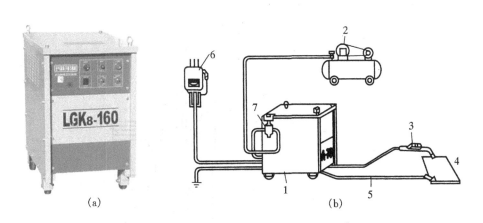

图 6-18 空气等离子弧切割机外形及切割系统示意图

(a)切割机外形;(b)切割系统

1—电源;2—空气压缩机;3—割炬;4—工件;5—接工件电缆;6—电源开关;7—过滤减压网

空气等离子弧切割中存在的主要问题有两个:一是电极受到强烈的氧化烧损,电极端头形状难以保持;二是不能采用纯钨电极或含氧化物的钨电极,因此限制了该方法的广泛应用。在实际生产中,采用的措施有:

①采用镶嵌式锆电极,并采用直接水冷式结构,由于在空气中工作可以形成锆的氧化物,易于发射电子,并且熔点高,延长了电极的使用寿命;

②增加一个内喷嘴,单独对电极通以惰性气体加以保护,减小电极的氧化烧损。

6.4.4 等离子弧堆焊和喷涂

1. 等离子弧堆焊

离子弧堆焊是利用等离子弧的热能将堆焊材料熔敷在工件表面上,从而获得不同成分和不同性能堆焊层的方法。主要用于堆焊硬度高、耐磨性好及耐蚀性好的金属或合金。

根据堆焊时熔敷金属送入方式的不同,等离子弧堆焊主要分为粉末堆焊和热丝堆焊两种,其中以粉末堆焊应用较多。

(1)粉末等离子弧堆焊 粉末等离子弧堆焊是将合金粉末装入送粉器中,堆焊时用氩气将合金粉末送入堆焊枪体的喷嘴中,利用等离子弧的热能将其熔敷到工件表面形成堆焊层。其主要优点:合金粉末既容易制得其成分又容易调整,生产率高(熔敷率高),堆焊层的质量好(稀释率低),便于实现堆焊过程自动化等。目前应用较广泛,特别适合在轴承、阀门、工具、推土机零件、涡轮叶片等的制造和修复工作中堆焊硬质耐磨合金。

粉末等离子弧堆焊一般采用转移型等离子弧,但也可以采用混合型等离子弧。堆焊设备与相应的等离子弧焊接设备相同,但堆焊时所用的焊枪与焊接时所用的焊枪不同,除有离子气和保护气两条气路外,还有第三条送粉气路。由于堆焊时母材熔深不能大,有利于减小堆焊层的稀释率,故堆焊时一般采用柔性弧,即采用较小的离子气流量和较小的孔道比($l:d$,一般小于1)。

堆焊层的质量取决于堆焊工艺参数、粉末入射角(喷粉口轴线与喷嘴轴线间的夹角)、送粉量和送粉的均匀性以及粉末的颗粒度等因素,粉末等离子弧堆焊示意图见图6-19。

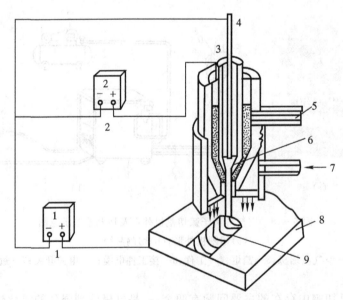

图6-19 粉末等离子弧堆焊示意图

1—转移弧电源;2—非转移弧电源;3—等离子气;4—钨极;5—合金粉末及送粉气;
6—喷嘴孔;7—保护气;8—焊件;9—堆焊层

（2）热丝等离子弧堆焊　这种方法的特点是：除依靠等离子弧加热熔化母材和填充焊丝并形成熔池外，填充焊丝中还通过电流提高熔敷率和降低稀释率。如图 6 - 20 所示，在两根填充焊丝中通过交流电，利用焊丝伸出长度的电阻热来增加焊丝的熔化量。采用交流电既可以节省用电成本，又可以避免其磁场的影响，这种方法主要用于堆焊不锈钢和镍合金等电阻率较大的材料，如图 6 - 20 所示。

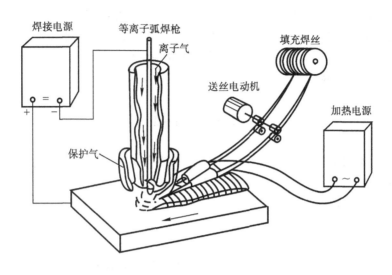

图 6 - 20　热丝等离子弧堆焊示意图

2. 等离子弧喷涂

等离子弧喷涂方法有两种：一种是丝极等离子弧喷涂；另一种是粉末等离子弧喷涂。因后一种方法使用广泛，故这里只介绍粉末等离子弧喷涂，如图 6 - 21 所示。

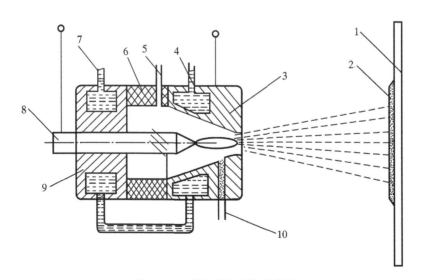

图 6 - 21　等离子弧喷涂示意图

1—工件；2—喷涂层；3—前枪体；4—冷却水进口；5—等离子气进口；6—绝缘层；

7—冷却水进口；8—钨电极；9—后枪体；10—送粉口

粉末等离子弧喷涂在很多地方与粉末等离子弧堆焊相似，但喷涂时一般采用非转移型等离子弧，即利用等离子焰将合金粉末熔化并从喷嘴孔中喷出，形成雾状颗粒，撞击工件表面后颗粒与清洁而粗糙的工件表面结合形成涂层。因此，该涂层与工件的结合一般是机械结合，工件表面基本上不熔化。但也有例外，例如喷涂钼、铌、镍钛合金粉末时，涂层与工件间会出现冶金结合现象。

由于喷涂时使用非转移型等离子弧，工件不接电源，因此，可对金属和非金属工件进行喷涂；另外，可喷涂金属涂层和非金属涂层（如碳化物、氧化物、氮化物、硼化物）等，且有涂层质量好、生产率高、工件不变形、工件金相组织不变化等优点。粉末等离子弧喷涂的缺点是：涂层与工件表面的结合强度不高。

复习思考题

1. 双弧产生的原因是什么？防止双弧产生的措施有哪些？
2. 穿透型等离子弧焊的焊接工艺参数主要有哪些？
3. 等离子弧切割设备由哪几部分组成？各有什么作用？
4. 简述等离子弧切割原理及特点。
5. 与自由电弧相比等离子弧有哪些特点？
6. 空气等离子弧切割有什么优越性？存在哪些问题？如何解决？
7. 等离子弧堆焊与喷涂有哪些异同点？

第 7 章　电阻焊

【目的】
1. 了解电阻焊热产生和分布情况，了解电阻焊的焊接循环。
2. 掌握电阻焊的工艺方法及其应用。

【要求】
了解：不同材料金属焊接参数的选择方式。
掌握：1. 电阻焊的实质、分类、特点及应用。
　　　 2. 点焊、凸焊、缝焊及对焊的特点及应用范围。

电阻焊是对组合后的工件施加一定的压力，利用电流通过接头的接触面产生的电阻热进行焊接的方法。电阻焊属压焊范畴，是主要的焊接方法之一。在航空、汽车、锅炉、地铁车辆、自行车、量具刃具、无线电器件等工业中都得到了广泛应用。

7.1　电阻焊实质、分类及特点

7.1.1　电阻焊的实质

1. 热效率高

电弧焊是利用外部热源，从外部向焊件传导热能，而电阻焊是一种内部热源，因此，热能损失比较少，热效率较高。

2. 焊缝致密

一般电弧焊的焊缝是在常压下凝固结晶的，而电阻焊的焊缝是在外界压力作用下结晶，具有锻压的特性，所以可避免产生缩孔、疏松和裂纹等缺陷，能获得致密的焊缝。

7.1.2　电阻焊分类及特点

交流焊中所使用的焊接电流频率：低频为 $3\sim10$ Hz，工频为 50 Hz（或 60 Hz），高频为 $10\sim500$ kHz。在实际应用中，对某一电阻焊方法往往称呼其全称，例如，工频交流点焊、直流冲击波缝焊、电容储能对焊、高频对接缝焊、直流点焊（又称次级整流点焊）等。

电阻焊按工艺特点分类可分为点焊、缝焊、凸焊和对焊，如图 7-1 所示。

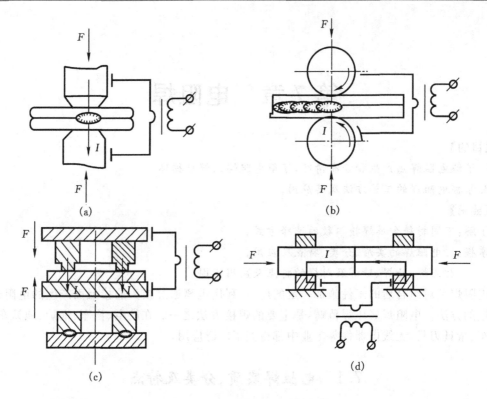

图 7-1 主要电阻焊工艺方法
(a)点焊；(b)缝焊；(c)凸焊；(d)对焊

具体分类方法如图 7-2 所示。

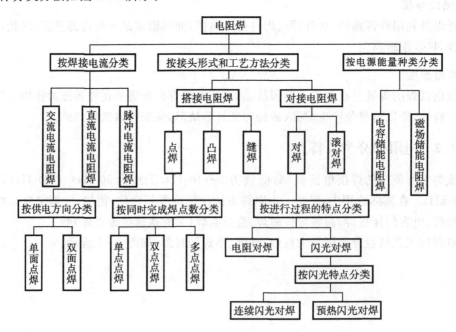

图 7-2 电阻焊分类

7.1.3　电阻焊的特点

1. 电阻焊的优点

(1)焊接速度快,生产率高　电阻电焊时,通用点焊机每分钟可焊 60 个点,若用快速电焊机则每分钟可达 500 个点以上;对焊直径为 40 mm 的棒材每分钟可焊一个接头;缝焊厚度为 1~3 mm 的薄板时,其焊接速度通常为 0.5~1 m/min;滚对焊最高焊接速度可达 60 m/min。因此电阻焊接非常适合于大批量生产,也可与其他制造工序一起编到组装生产线中。

(2)焊接变形小,质量好　对接头来说,由于治金过程简单,且不易受空气的有害作用,所以焊接接头的化学成分均匀,并且与母材基本一致。从整体结构来看,由于热量集中,受热范围小,热影响区也很小,所以焊接变形不大,并且易于控制。此外,点、缝焊时由于焊点处于焊件内部,焊缝表面平整光滑,通常焊后不必考虑校正或热处理工序,因而焊件表面质量比较好。

(3)焊接成本低　电阻焊无需焊丝、焊条等填充金属,也不需要保护气体和焊剂,只需必要的电力资源,即可以节省材料,故焊接成本低。

(4)操作简单,机械化、自动化程度高,劳动条件较好　电阻焊时既不会产生有害气体,也没有强光辐射,所以劳动条件比较好。此外,电阻焊焊接过程简单,易于实现机械化、自动化,因而工人的劳动强度较低。

2. 电阻焊的缺点

(1)无可靠易行的检测方法　电阻焊焊接速度非常快,在焊接过程中由于工艺因素的波动,对焊接过程的稳定性产生影响时往往来不及调整;同时目前电阻焊焊后尚缺乏可靠的无损检测方法,焊接质量只能靠试样的破坏试验和各种监控技术来保证。所以在重要的承力结构中使用电阻焊时应该慎重。

(2)力学性能较低　电阻焊常用搭接接头,其抗拉强度和疲劳强度均低于对接接头。

(3)设备价格较高　因为电阻焊设备功率大,而且机械化和自动化程度较高,故设备投资大,维修较困难,因而价格较其他焊机高。大功率焊机(可达 1 000 kW)电网负荷较大,对电网的正常运行有不利的影响。

(4)焊件的厚度、形状和接头形式受到一定程度的限制　如点、缝焊一般只适用于薄板搭接接头,厚度太大则受到设备功率的限制,而搭接接头又难免会增加材料的消耗,降低承载能力;对焊主要适用于紧凑断面的对接接头,而对薄板类零件焊接则比较困难,形状受到设备的限制。电阻焊一般只适用于薄件,若焊件厚度太大,则受到设备功率的限制;同时焊件的形状也不能像其他焊接方法那样灵活。

7.1.4　电阻焊的应用

电阻焊发明于 19 世纪末期,随着航空航天、电子、汽车、家用电器等工业的发展,电阻焊越来越受到重视。虽然电阻焊焊件接头形式受到一定限制,但适用于电阻焊的结构和零件仍然非常广泛。例如,飞机机身、汽车车身、自行车钢圈、锅炉钢管接头、轮船的锚链、洗衣机和电冰箱的壳体等。电阻焊所适用的材料也非常广泛,不但可以焊接碳素钢、低合金刚,还可以焊接铝、铜等有色金属及其合金。

7.2　电阻焊的基本原理

7.2.1　电阻热的产生

电阻焊的热源是电流通过焊件及其接触处产生的电阻热,其总热量 Q 由下式确定

$$Q=I^2Rt$$

式中,Q 为总热量;I 为焊接电流;R 为两电极之间的电阻;t 为焊接时间。公式表明,电阻热由焊接电流、两电极之间的电阻和通电时间决定。其中两电极之间的电阻因焊接方法的不同而不同。

7.2.2　影响电阻热的因素

1. 电阻的影响

焊接区的总电阻 R 为焊件本身电阻 R_w、焊件间接触电阻 R_c,焊件与电极间电阻 R_{cw} 之和,如图 7-3 所示。

(1)焊件本身电阻 R_w　当焊件厚度和电极一定时,焊件本身电阻 R_w 取决于它的电阻率。电阻率高的金属(如不锈钢)导热性差,电阻率低的金属(如铝合金)导热性好而易散热。因此,前者可采用较小电流(几千安)进行焊接,后者须用很大的电流(几万安)焊接。

电阻率不仅取决于金属种类,还与温度有关,如图 7-4 所示。随着温度的升高,电阻率增大,并且金属熔化时的电阻率比熔化前高 1~2 倍。

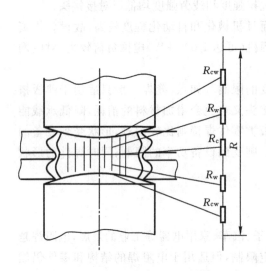

图 7-3　点焊时电阻分布

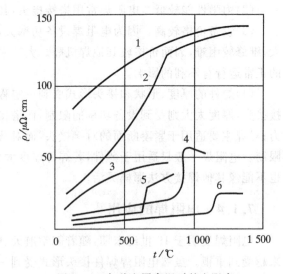

图 7-4　各种金属高温时的电阻率
1—不锈钢;2—低碳钢;3—镍;4—黄铜;5—铝;6—纯铜

焊接时,随着温度的升高,除电阻率增高使 R_w 增大外,同时由于金属的压溃强度降低,使焊件与焊件,焊件与电极间的接触面积增大,因此引起 R_w 减小。点焊低碳钢时,在上述两种

相互矛盾的因素影响下,加热开始时 R_w 逐渐增大,当熔核形成时,R_w 又逐渐减小。

（2）焊件间接触电阻 R_c　电阻 R_c 是由以下几方面原因形成的:

①焊件和电极间有高电阻率的氧化膜或污物层,使电流受到较大阻碍。过厚的氧化膜或污物层甚至使电流不能导通。

②焊件表面的微观不平度使焊件只能在粗糙表面的局部形成接触点,并在接触点形成电流的集中,由于电流的通路减小而增加了接触处的电阻 R_c。

（3）焊件与电极间电阻 R_{cw}　与 R_c 相比,由于铜合金电阻率比一般焊件低,因此 R_{cw} 比 R_c 更小,对熔核的形成影响也更小。

2. 焊接电流的影响

电流对电阻热的影响比电阻和通电时间对电阻热的影响都大。因此,在点焊过程中,必须严格控制焊接电流的大小。焊接时,引起电流波动的主要原因是电网电压波动和交流焊机二次回路阻抗变化。阻抗变化是由于二次回路的几何尺寸发生变化或因在二次回路中引入了不同量的磁性金属所致。对于直流焊机,二次回路阻抗的变化对焊接电流无明显影响。

此外,电流密度对加热也有显著影响。通过已焊成焊点的分流,增大电极接触面积或凸焊时凸点的尺寸等,都会降低电流密度和电阻热,从而使接头强度显著下降。

3. 通电时间的影响

为保证熔核尺寸和焊点强度,通电时间与焊接电流在一定范围内可以互相补充。为了获得一定强度的焊点,可以选用大电流和短时间(强规范),也可以选用小电流和长时间(弱规范)进行焊接。选用哪一种规范进行焊接取决于金属材料的性能、焊件厚度和焊机的功率。但不同性能和厚度的焊件所需的焊接电流和通电时间都有一个上下限,超过此限,将无法形成合格的焊接接头。

4. 电极压力的影响

电极压力对两电极间总电阻 R 有显著的影响。随着电极压力的增加,R 显著降低,此时焊接电流虽略有增加,但不能抵消因 R 降低而引起的产热减小。因此,焊点强度总是随电极压力增加而降低。在增加电极压力的同时,增大焊接电流或延长通电时间,可弥补电阻减小对产热的影响,保证焊点强度不变。采用这种焊接工艺有利于提高焊点强度的稳定性。

5. 电极端面形状及材料的影响

由于电极端面尺寸决定电极和焊件的接触面积,从而决定电流密度的大小,故电极材料的电阻率和导热性与产热和散热有密切关系,电极材料和端面形状对熔核的形成有较大的影响。随着电极端部的变形与磨损,电极与焊件的接触面积将增大,使电流密度变小,焊点强度将下降。

6. 焊件表面状况的影响

焊件表面的氧化膜、油污及其他杂质都能增加接触电阻,过厚的氧化膜甚至使焊接电流不能导通。若接触面中仅局部导通,会使电流密度过大,从而造成飞溅或焊件表面烧损。焊件表面氧化膜不均匀还会影响各焊点加热不一致,从而影响焊点的质量。因此焊前必须仔细清理焊件的表面。

7.2.3　热平衡及温度分布

1. 热平衡

点焊时,焊件所产生的热量一部分用来加热焊接区域金属以形成熔核,另一部分用来补偿向周围物质传导、辐射的热损失,以形成焊接过程的动态热平衡。其动态热平衡方程式为

$$Q = Q_1 + Q_2$$

式中,Q 为总热量;Q_1 为形成熔核的有效热量;Q_2 为损失的热量,包括电极散失热量和向焊接区周围散失热量。

有效热量 Q_1 占总热量的 $10\%\sim30\%$,铝、铜等导热性好的金属仅占 10% 左右,导热性略差的低碳钢所占比例稍高一些。向焊点周围金属传导的热损失随着金属材料热导率不同而不同,一般约占总热量的 20% 左右。向电极传导的热损失一般占总热量的 $30\%\sim50\%$,是热量损失最多的部分。

2. 温度分布

焊接区的温度场是产热与散热的综合结果。点焊的温度分布如图 7-5 所示,轴向温度梯度较大,最高温度总是在焊接区中心处,因焊件之间接触面上的电阻大、电流集中、密度大,而且远离电极,散热条件最差,当该处温度超过被焊接金属熔点 T_m 时就形成熔化核心。熔核中心熔化金属强烈搅拌,使熔核温度和成分均匀化。一般熔核温度比金属熔点 T_m 高 $300\sim500$ K。由于电极散热作用,熔核沿轴向生长速度慢于径向生长速度,故呈椭球状。焊件与电极的接触表面温度通常不超过 $(0.4\sim0.6)T_m$。

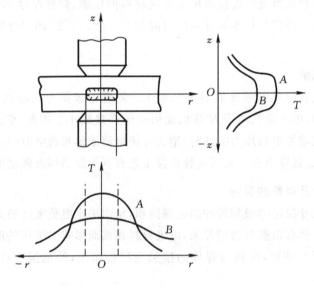

图 7-5　点焊时的温度分布

A—焊钢时;B—焊铝时

7.2.4　焊接循环

加压和通电是电阻焊过程的重要条件,不同加压和通电时间,不同的电极压力和电流强度

及其变化形式等就构成了各种焊接循环。点焊和凸焊的焊接循环由预压、通电加热、维持和休止四个基本过程组成,如图 7 - 6 所示。

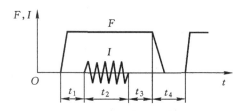

图 7 - 6　一般点焊和凸焊的焊接循环
I—焊接电流;F—电极压力;
t_1—预压时间;t_2—通电加热时间;t_3—维持时间;t_4—休止时间

(1)预压时间 t_1　从电极开始下降到焊接电流接通这段时间,这一时间是为了确保通电前电极能压紧焊件,使焊件之间紧密接触。

(2)通电加热时间 t_2　焊接电流通过焊件并产生熔核的时间。

(3)维持时间 t_3　焊接电流切断后电极压力继续保持的一段时间,在此期间,熔核冷却结晶。

(4)休止时间 t_4　由电极开始提升到电极再次下降,准备在下一个焊点处压紧焊件的时间。休止时间只适用于焊接循环重复进行的场合。

通电焊接必须在电极压力达到规定值后才能进行,否则会因压力过低而引起飞溅。电极提升必须在焊接电流切断之后进行,否则电极间将引起火花,使电极损坏,焊件烧穿。

为了改善接头的性能,有时会将下列各项中的一项或多项加于基本循环:

①加大预压力,以消除厚焊件之间的间隙,使焊件能紧密接触。

②用预热脉冲电流提高金属的塑性,使焊件之间紧密贴合,防止飞溅。凸焊时这样做可以使多个凸点的焊件在通电前与电极平衡接触,以保证各点加热的一致性。

③加大锻压力,使熔核致密,防止产生裂纹和缩孔等缺陷。

④用回火或缓冷脉冲电流消除合金钢的淬火组织,提高接头的力学性能。

7.2.5　金属材料电阻焊的焊接性

影响金属电阻焊焊接性的主要因素是材料的物理和力学性能。

1. 材料的导电性和导热性

一般的规律是导电性好的材料其导热性也良好,而材料的导电性、导热性越好,在焊接区产生的热量越少,散失的热量越多,焊接区的加热就越困难。因此导电性和导热性好的材料电阻焊焊接性差,在焊接这些材料时,必须使用大功率的焊机。

2. 材料的塑性温度范围

塑性温度范围较小的金属(例如铝合金),对焊接参数的波动非常敏感,焊接性差。焊接时要使用能精确控制焊接参数的焊机,同时要求电极的随动性要好。

3. 材料的高温强度

高温($0.5T_m$~$0.7T_m$)下的屈服强度 $\sigma_{0.2}$ 大的金属,点焊时易产生裂纹、缩孔、飞溅等缺陷,焊接性较差。焊接时需使用较大的电极压力,有时还需在断点后施加大的锻压力。

4.材料对热循环的敏感性

在焊接热循环作用下,有淬火倾向的金属易产生淬硬组织及冷裂纹;与易熔杂质容易形成低熔点共晶物的合金,易产生结晶裂纹;经冷作强化的金属易产生软化区,焊接性也比较差。焊接时为防止这些缺陷的发生,必须采取相应的工艺措施。

此外,熔点高、线膨胀系数大、易形成致密氧化膜的金属,其焊接性也比较差。

7.3　电阻焊工艺方法与应用

7.3.1　点焊

点焊是在电极压力的作用下,通过电阻热加热熔化金属,断电后在压力下结晶而形成焊点的工艺方法。每焊接一个焊点称作一个点焊循环。

1.点焊接头形成过程

点焊过程如图7-7所示,可分为彼此相联的三个阶段:预压阶段、通电加热阶段、锻压阶段。

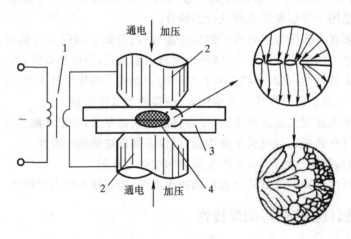

图7-7　电阻点焊原理
1—阻焊变压器;2—电极;3—工件;4—熔核

(1)预压阶段　是通电前的加压力预压阶段。预压的目的是使焊件间紧密接触,并使接触面上凸点处产生塑性变形,破坏表面的氧化膜,以获得稳定的接触电阻。若预压力不足,可能只有少数凸点接触,形成较大的接触电阻,产生较大的电阻热,接触处的金属很快熔化,并以火花的形式飞溅出来,严重时甚至可能烧坏焊件或电极。当焊件较厚、结构刚性较大或焊件表面质量较差时,为使焊件紧密接触,稳定焊接区电阻,可以加大预压力或在预压力阶段施加辅助电流。此时的预压力通常为正常压力的0.5～1.5倍,而辅助电流则为焊接电流的1/4～1/2。

(2)通电加热阶段　当预压力使焊件紧密接触后,即可通电焊接。当焊接参数正确时金属总是从电极夹持处的两焊件接触面上开始熔化,并不断扩展而逐步形成熔核。熔核在电极压力作用下结晶(断电),结晶后在两焊件间形成牢固的结合。

(3)锻压阶段 此阶段也称为冷却结晶阶段。当熔核达到合适的形状与尺寸后,切断焊接电流,熔核在电极压力作用下冷却结晶。熔核结晶是在封闭的金属膜内进行的,结晶时不能自由收缩,用电极挤压就可使正在结晶的金属变得紧密,使之不会产生缩孔和裂纹。因此,电极压力要在焊接电流断开、熔核金属全部结晶后才能停止作用。板厚为 $1 \sim 8$ mm,锻压时间则应为 $0.1 \sim 2.5$ s。

以上是焊点形成的一般过程,在实际生产中,往往根据不同材料、结构以及对焊接质量的要求,采用一些特殊的工艺措施。例如:对热裂纹倾向较大的材料,可采用附加冷脉冲的点焊工艺,以降低熔核的凝固速度;对调质材料的焊接,可在两电极之间作焊后热处理,以改善因加速加热、冷却而产生的脆性组织;在加压方面,可以采用马鞍形、阶梯形或多次阶梯形等电极压力循环,以满足不同质量要求的零件焊接。

2. 点焊接头设计

点焊通常采用搭接接头和折边接头,如图 7 - 8 所示。

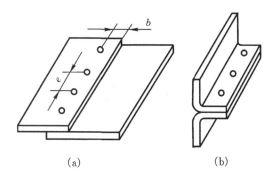

图 7 - 8 点焊接头形式
(a)搭接接头;(b)折边接头
e—点距;b—边距

①焊点到焊件边缘距离不宜过小。边距的最小值取决于被焊金属的种类、焊件厚度和焊接规范,对于屈服强度较高的金属、薄板或用强规范焊接时可取较小值。

②应有足够的搭接量,一般搭接量可取边距的两倍。

③为限制分流,应有合适的点距,其最小值与焊件厚度、金属的导电率、表面清洁度以及熔核的直径有关。表 7 - 1 为推荐的焊点的最小点距。

④装配间隙必须尽可能小。因为靠压力消除间隙将消耗一部分电极压力,使实际的电极压力降低。同时,电极必须方便地抵达焊接部位,即电极的可达性要好。

表 7 - 1　焊点的最小点距　　　　　　　　　　单位：mm

最薄板件厚度	点距		
	结构钢	不锈钢及高温合金	轻合金
0.5	10	8	15
0.8	12	10	15
1.0	12	10	15
1.2	14	12	15
1.5	14	12	20
2.0	16	14	25
2.5	18	16	25
3.0	20	18	30
3.5	22	20	35
4.0	24	22	35

3. 点焊方法与工艺

（1）点焊方法　　点焊通常按电极馈电方向在一个点焊循环中所能形成的焊点数分类，如图 7 - 9 所示。

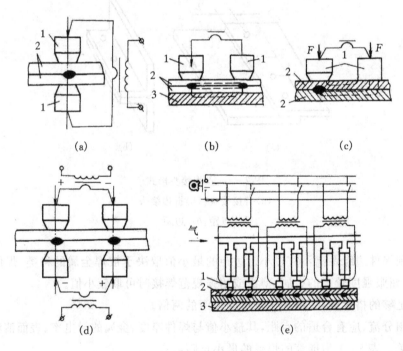

图 7 - 9　点焊方法示意图
(a)双面单点焊；(b)单面双点焊；(c)单面单点焊；(d)双面双点焊；(e)多点焊
1—电极；2—焊件；3—铜垫板

①双面单点焊。两个电极从焊件上、下两面接近焊件进行焊接。这种焊接方法能对焊件施加足够的电极压力，焊接电流集中通过焊接区，因而可减小焊件的受热范围，提高接头质量，

应优先选用。

②单面双点焊。两电极位于焊件一侧,同时能形成两个焊点。这种方法能提高生产率,方便地焊接尺寸大、形状复杂和难以进行双面单点焊的焊件。此外,还有利于保证焊件的一面光滑、平整、无电极压痕。但此法焊接时,部分电流直接经焊件形成分流。为给焊接电流提供低电阻的通路,通常采用在焊件下面加铜垫板的措施,使焊接电流能均匀地通过上下两焊件,熔核不产生偏移。

③单面单点焊。两电极位于焊件一侧,不形成焊点的电极采用大直径和大接触面以减小电流密度,仅起导电块的作用。这种方法主要用于不能采用双面单点焊的结构上。

④双面双点焊。两台焊接变压器分别对上下两面的成对电极供电。两台变压器的接线方向应保证上、下对准电极,在焊接时间内极性相反。这样,上、下变压器的二次电压成顺向串联,形成单一的焊接回路,在一次点焊循环中,同时形成两个焊点。

(2)点焊工艺

①焊前清理。焊件表面的氧化膜、油污等将直接影响热量析出、熔核形成及电极寿命,因此需要进行焊前清理。

焊前清理的方法有机械清理与化学清理,清理后应在规定的时间内进行焊接。

②点焊工艺参数的选择。通常是根据工件的材料和厚度,参考该种材料的焊接条件表选取。首先确定电极的端面形状和尺寸;其次初步选定电极压力和焊接时间;然后调节焊接电流,以不同的电流焊接试样;经检查熔核直径符合要求后,再在适当的范围内调节电极压力、焊接时间和电流;进行试样的焊接和检验,直到焊点质量完全符合技术条件所规定的要求为止。

4. 点焊机

固定式点焊机的结构和外形如图 7-10 所示,它是由机架、加压机构、焊接回路、电极、传动机构和开关及调节装置所组成。

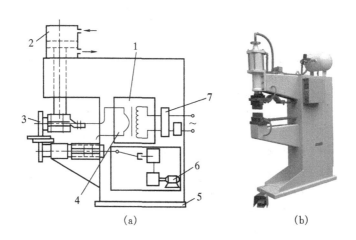

(a)　　　　　　　　　　　(b)

图 7-10　点焊机

1—电源;2—加压机构;3—电极;4—焊接回路;

5—机架;6—传动与减速机构;7—开关与调节装置

常用点焊机型号及技术数据见表 7-2。

表 7 - 2　常用点焊机型号及技术数据

型号	额定容量 /kW	电源电压 /V	电极臂伸出长度/ mm	生产率 /(点/小时)	可焊厚度 / mm	可焊材料（除低碳钢外）	特征	说明
DN—10	10	380	300	720	0.3＋0.3～2.0＋2.0	有色金属及合金	固定脚踏式	
DN—80	80	380	800±50 1 000±50		3＋3	合金钢、部分有色金属	气压式	
DN2-16	16	380	170	900	2.0＋2.0	—	气压式	双面单点
DN—3—63	63	380	170	700	2.0＋2.0	—	气压式	悬挂式双面

DN2 系列点焊机常见故障及处理方法见表 7 - 3。

表 7 - 3　DN2 系列点焊机常见故障及处理

故障特征	产生原因	处理方法
焊接无电流	1. 焊接程序循环停止； 2. 继电器触电不良,电阻断路； 3. 无引燃脉冲或幅值很小； 4. 气温低,引燃管不工作； 5. 焊接变压器初级或次级开路	1. 检查时间调节器电路； 2. 清理触点或更换电阻； 3. 检查直流电源及有关电压数值;检查回路波形及相位调节； 4. 外部加热； 5. 检查和清洁回路
焊件发生烧穿	1. 预热时间过短； 2. 电极下降速度太慢； 3. 焊接压力未加上； 4. 上下电极中心不对； 5. 焊件表面有污尘或内有夹渣物； 6. 引燃管冷却不良,而引起温度增高失控； 7. 引燃管承受反峰值降低、逆弧； 8. 单相导电引起大电流； 9. 主动力电路或焊接变压器接地	1. 调节预压时间,使其大于电极下降时间； 2. 检查电极润滑情况,气阀是否正常,气罐压力是否正常； 3. 检查电极间距是否太大,气路压力是否正常； 4. 校正电极； 5. 清理焊件； 6. 畅通冷却水； 7. 更换引燃管； 8. 检查引燃管引燃电路是否短路； 9. 测量绝缘电阻,检查故障点
引燃管失控、自动内弧	1. 引燃不良； 2. 闸流管损坏； 3. 闸流管控制栅无偏压	1. 更换引燃管； 2. 更换闸流管； 3. 测量检查栅偏压

故障特征	产生原因	处理方法
焊接时二次通电	1.继电器触点间的间隙调节不佳； 2.时间调节器的继电器触点接触不良； 3.闸流管坏损	1.重新调节间隙； 2.清洁并调节触点； 3.更换闸流管
焊接时电极不下降	1.脚踏开关损坏； 2.时间调节器中的继电器触点不良； 3.电磁气阀卡死或线圈开路； 4.压缩空气压力调节过低； 5.气罐机械卡死	1.修理脚踏开关； 2.清洁继电器触点； 3.修理或重绕线圈； 4.调高气压； 5.拆修气罐机械

5. 点焊的应用

点焊广泛用于汽车驾驶室、金属车厢复板、家具等低碳钢产品的焊接。在航空工业中，多用于连接飞机、发电机、火箭、导弹中由合金钢、不锈钢、铝合金、钛合金等材料制成的部件。

点焊有时也用于连接厚度达 6 mm 或更厚的金属板，但与熔焊的对接接头相比较，接头的承载能力低，搭接接头增加了构件的重量和成本，并且需要昂贵的特殊焊机，因此是不经济的。

7.3.2　凸焊

凸焊是在一焊件的贴合面上预先加工出一个或多个突起点，使其与另一焊件表面相接触并通电加热，然后压塌，使这些接触点形成焊点的电阻焊方法。使用凸焊的焊件有很多优点，因而获得了极广泛的应用。凸焊多用于成批生产的仓口盖、筛网、管壳以及 T 形、十字形、平板等零件的焊接，如图 7 - 11 所示。

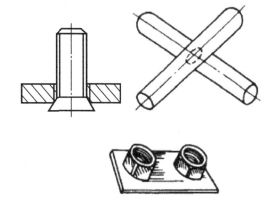

图 7 - 11　凸焊零件示例

1. 凸焊的特点及应用

凸焊与点焊相比还具有以下优点：

①在一个焊接循环内可同时焊接多个焊点。不仅生产率高，而且没有分流影响。因此可在窄小的部位上布置焊点而不受点距的限制。

②由于电流密度集于凸点，电流密度大，故可用较小的电流进行焊接，并能可靠地形成较小的熔核。在点焊时，对应于某一板厚，要形成小于某一尺寸的熔核是很困难的。

③凸点的位置准确、尺寸一致，各点的强度比较均匀。因此对于给定的强度、凸焊焊点的尺寸可以小于点焊。

④由于采用大平面电极，且凸点设置在一个工件上，所以可最大限度地减轻另一工件外露表面上的压痕。同时大平面电极的电流密度小、散热好，电极的磨损要比点焊小得多，因而大

大降低了电极的保养和维修费用。

⑤与点焊相比,工件表面的油、锈、氧化皮、镀层和其他涂层对凸焊的影响较小,但干净的表面仍能获得较稳定的质量。

凸焊的不足之处是需要冲制凸焊的附加工序,电极比较复杂,由于一次要焊多个焊点,需要使用高电极压力、高机械精度的大功率焊机。

凸焊主要用于焊接低碳钢、低合金钢和低合金高强度钢的冲压件,也适于焊接奥氏体不锈钢和镀锌钢等,但不宜用于如铝、铜、镍等软金属。因为这些金属没有足够的强度保持凸点形状,在压力下凸点压溃过快。除板件凸焊外,还有螺帽、螺钉类零件的凸焊、线材交叉凸焊、管子凸焊和板材 T 形凸焊等。板件凸焊最适宜的厚度为 0.5～4 mm。焊接更薄的板件时,凸点设计要求严格,需要随动性极好的焊机,因此厚度小于 0.25 mm 的板件更宜于采用点焊。

2. 凸焊的工艺参数和常用金属材料的凸焊

(1)凸点形状　凸焊是点焊的一种变化形式。典型的凸点形状如图 7-12 所示,其中半圆形和圆锥形应用最广。圆锥形凸点刚度大,可以预防凸点过早压溃,还可以减少因为电流线过于密集而发生飞溅。为防止压塌的凸点金属挤压在加热不良的周围间隙内而引起电流密度的降低,也可以使用带溢出环形槽的凸点。

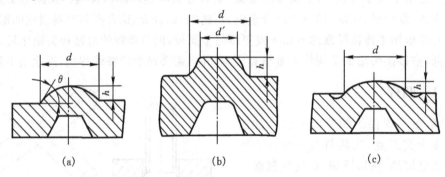

图 7-12　凸点形状
(a)半圆形;(b)圆锥形;(c)带溢出环形槽的半圆形

(2)凸焊的工艺参数　凸焊的工艺参数包括电极压力、焊接时间和焊接电流。当然这些因素对接头质量的影响和点焊相似。

①电极压力。凸焊的电极压力取决于被焊金属的性能、凸点的尺寸和一次焊成的凸点数量等。电极压力应足以在凸点达到焊接温度时将其完全压溃,并使两工件紧密贴合。电极压力过大会过早地压溃凸点,失去凸焊的作用,同时因电流密度减小而降低接头强度。压力过小又会引起严重飞溅。

②焊接时间。对于给定的工件材料和厚度,焊接时间由焊接电流和凸点刚度决定。在凸焊低碳钢和低合金钢时,与电极压力和焊接电流相比,焊接时间是次要的。在确定合适的电极压力和焊接电流后,再调节焊接时间,可以获得满意的焊点。如想缩短焊接时间,就要相应增大焊接电流,但过分增大焊接电流可能引起金属过热和飞溅,通常凸焊的焊接时间比点焊长,而电流比点焊小。

③焊接电流。凸焊的每一焊点所需电流比点焊同样一个焊点时小。但在凸点完全压溃之

前电流必须能使凸点熔化,推荐的电流应该是在采用合适的电极压力下不至于挤出过多金属的最大电流。对于一定凸点尺寸,挤出的金属量随电流的增加而增加。采用递增的调幅电流可以减小挤出金属。和点焊一样,被焊金属的性能和厚度仍然是选择焊接电流的主要依据。

多点凸焊时,总的焊接电流大约为每个凸点所需电流乘以凸点数。但考虑到凸点的公差、工件形状以及焊机次级回路的阻抗等因素,可能需要做一些调整。

3. 凸焊机

凸焊与点焊相似,仅仅是电极不同,凸焊多采用平面电极,常用的凸焊机型号及技术数据见表 7－4。

表 7－4　常用凸焊机型号及技术数据

型号	额定容量 /kW	电源电压 /V	次级空载 电压/V	电极臂伸出 长度/ mm	电极压力 /N	可焊厚度 / mm	生产率 /(点·小时$^{-1}$)
TZ—40	40	380	3.22~6.44	650	7 640	低碳钢3+3,铝0.8+0.8	—
TZ—63	63	380	3.65~7.3	—	6 600	低碳钢 5.0+5.0	65
TZ—125	125	380	4.42~8.85	—	14 000	低碳钢 6.0+6.0	65
TZ—250	250	380	5.42~10.84	—	32 000	低碳钢 8.0+8.0	65

7.3.3 缝焊

焊件装配成搭接或斜对接头并置于两滚轮电极之间,滚轮加压焊件并转动,连续或断续送电,形成一条连续焊缝的电阻焊方法,称为缝焊。缝焊的实质是用一对滚盘电极代替点焊的圆柱形电极,与工件作相对运动,从而产生一个个熔核相互搭叠的密封焊缝的焊接方法,故具有气密性和水密性,如图 7－13 所示。

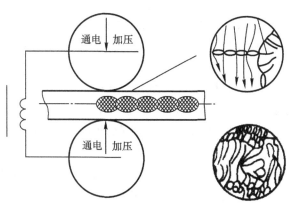

图 7－13　缝焊原理

1. 缝焊分类

按滚盘转动与馈电方式分,缝焊可分为连续缝焊、断续缝焊和步进缝焊。

(1)连续缝焊　滚盘连续转动(焊件在两个焊轮间连续移动),电流不断通过工件。这种方法易使工件表面过热,电极磨损严重,因而很少使用。但在高速缝焊时(4～15 m/min)50 Hz交流电的每半周将形成一个焊点,交流电过零时相当于休止时间,这又近似于下述的断续缝焊,因而在制缸、制桶工业中获得应用。

(2)断续缝焊　滚盘连续转动,电流断续通过工件,形成的焊缝由彼此搭叠的熔核组成。由于电流断续通过,在休止时间内,滚盘和工件得以冷却,因而可以提高滚盘寿命、减小热影响区宽度和工件变形,获得较优的焊接质量。这种方法已被广泛应用于1.5 mm以下的各种钢、高温合金和钛合金的缝焊。断续缝焊时,由于滚盘不断离开焊接区,熔核在压力减小的情况下结晶,因此很容易产生表面过热、缩孔和裂纹(如在焊接高温合金时)。尽管在焊点搭叠量超过熔核长度50%时,后一点的熔化金属可以填充前一点的缩孔,但最后一点的缩孔是难以避免的。不过目前国内研制的微机控制箱,能够在焊缝收尾部分逐点减少焊接电流,从而解决了这一难题。

(3)步进缝焊　滚盘断续转动,电流在工件不动时通过工件,由于金属的熔化和结晶均在滚盘不动时进行,改善了散热和压固条件,因而可以更有效地提高焊接质量,延长滚盘寿命。这种方法多用于铝、镁合金的缝焊,适用于缝焊高温合金,也能有效地提高焊接质量,但因国内这种类型的交流焊机很少,因而未获应用。当焊接硬铝以及厚度为4 mm以上的各种金属时,必须采用步进缝焊,以便形成每一个焊点时都能像点焊一样施加锻压力,或同时采用暖冷脉冲。但后一种情况很少使用。

2. 缝焊工艺参数及对焊接质量的影响

缝焊接头的形成本质上与点焊相同,因而影响焊接质量的因素也是类似的。主要有焊接电流、电极压力、焊接时间、休止时间、焊接速度和滚盘直径、宽度等。

(1)焊接电流　缝焊形成熔核所需的热量来源与点焊相同,都是利用电流通过焊接区电阻产生的热量。在其他条件给定的情况下,焊接电流的大小决定了熔核的焊透率和重叠量。在焊接低碳钢时,熔核平均焊透率为钢板厚度的30%～70%,以45%～50%为最佳。为了获得气密焊缝,熔核重叠量应不小于15%。

当焊接电流超过某一定值时,继续增大电流只能增大熔核的焊透率和重叠量而不会提高接头强度,这是不经济的。如果电流过大,还会产生压痕过深和焊缝烧穿等缺陷。缝焊时由于熔核互相重叠而引起较大分流,因此,焊接电流通常比点焊时增大15%～40%。

(2)电极压力　缝焊时电极压力对熔核尺寸的影响与点焊一致。电极压力过高会使压痕过深,同时会加速滚盘的变形和损耗;压力不足则易产生缩孔,并会因接触电阻过大使滚盘烧损而缩短其使用寿命。

(3)焊接时间和休止时间　缝焊时,主要通过焊接时间控制熔核尺寸,通过冷却时间控制重叠量。在焊接速度较低时,焊接与休止时间之比为(1.25～2):1,可获得满意结果;当焊接速度增加时,焊点间距增加,此时要获得重叠量相同的焊缝,就必须增大此比例。为此,在较高焊接速度时,焊接与休止时间之比应为3:1或更高。

(4)焊接速度　焊接速度与被焊金属、板件厚度以及对焊缝强度和质量的要求等有关。通常在焊接不锈钢、高温合金和有色金属时,为了避免飞溅和获得致密性高的焊缝,必须采用较低的焊接速度。有时还采用步进缝焊,使熔核形成的全过程均在滚盘停止的情况下进行,这种缝焊的焊接速度要比常用的断续缝焊低得多。

　　焊接速度决定了滚盘与板件的接触面积,以及滚盘与加热部位的接触时间,因而影响了接头的加热和散热。当焊接速度增大时,为了获得足够的热量,必须增大焊接电流。过大的焊接速度会引起板件表面烧损和电极黏附,因此即使采用外部水冷却,焊接速度也要受到限制。

3. 缝焊机

　　常用的缝焊机与点焊机相似,仅仅是电极不同而已。缝焊是以旋转的滚盘代替点焊时的圆柱形电极。常用缝焊机型号及技术数据见表 7 - 5,缝焊机的结构如图 7 - 14 所示。

表 7 - 5　常用缝焊机型号及技术数据

型号	额定容量 /kW	电源电压 /V	电极压力 /N	电极臂伸出长度/ mm	可焊低碳钢厚度/ mm	焊接速度 /(m·min⁻¹)	说明
FN—25—1	5	220/380	1 960	400	1.0+1.0	0.86~3.43	横向缝焊机,电动式
FN—25—2							纵向缝焊机,电动式
FN—63	63	380	6 000	690	1.2+1.2	4	纵横两用缝焊机
FN—160—8	160	380	8 000	1 000	2+2	0.6~3	横向缝焊机,断续脉冲焊
FN—16—1	16	380	2 400	385	1.0+1.0	0.6~4	纵向缝焊机,自动焊接

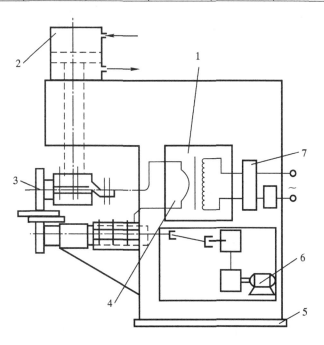

图 7 - 14　缝焊机示意图

1—电源;2—加压机构;3—滚轮电极;4—焊接回路;

5—机架;6—传动与减速机构;7—开关与调节装置

4. 缝焊的应用

缝焊广泛应用于油桶、罐头罐、暖气片、飞机和汽车油箱，以及喷气发动机、火箭、导弹中密封容器的薄板焊接。

7.3.4　对焊

对接电阻焊（简称对焊）是将工件装配成对接接头，使其端面紧密接触，利用电阻热加热到塑性状态，然后迅速施加顶锻力将两工件沿整个端面同时焊接起来的一类电阻焊方法。

1. 对焊的特点及应用

对焊的生产率高、易于实现自动化，因而获得广泛应用。其应用范围见图 7−15。

（1）工件的接长　例如带钢、型材、线材、钢筋、钢轨、锅炉钢管、石油和天然气输送等管道的对焊。

（2）环形工件的对焊　例如汽车轮辋和自行车、摩托车轮圈的对焊，各种链环的对焊等。

（3）部件的组焊　将简单轧制、锻造、冲压或机加工件对焊成复杂的零件，以降低成本。例如汽车方向轴外壳和后桥壳体的对焊，各种连杆、拉杆的对焊，以及特殊零件的对焊等。

（4）异种金属的对焊　可以节约贵重金属，提高产品性能。例如刀具的工作部分（高速钢）与尾部（中碳钢）的对焊，内燃机排气阀的头部（耐热钢）与尾部（结构钢）的对焊，铝铜导电接头的对焊等。

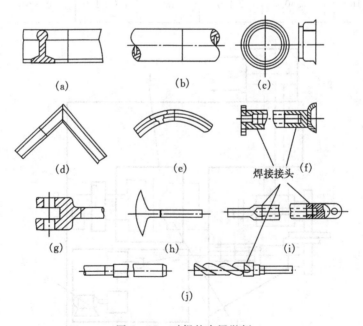

图 7−15　对焊的应用举例

(a)钢轨；(b)管道；(c)汽车轮缘；(d)窗框；(e)摩托轮圈；

(f)汽车方向轴套；(g)连杆；(h)排气阀；(i)拉杆；(j)刀具

2. 对焊的方法

对焊按加压和通电方式的不同分为电阻对焊和闪光对焊两种,见图 7 - 16。

(1)电阻对焊　电阻对焊是将两工件端面始终压紧,利用电阻热加热至塑性状态,然后迅速施加顶锻压力(或不加顶锻压力只保持焊接时压力)完成焊接的方法。

(2)闪光对焊　闪光对焊是将工件装配对正后,接通电源,并使焊件端面逐渐移近到局部接触,利用电阻热加热这些接触点(产生闪光),使端面金属熔化,直至端部在一定深度范围内达到预热温度时,迅速施加顶锻力完成的焊接方法。这种对焊是生产中的主要形式,应用很广泛。

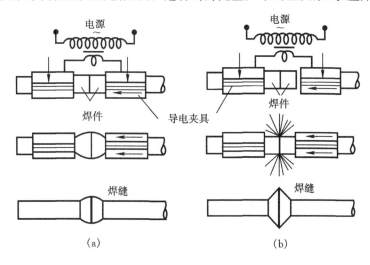

图 7 - 16　对焊示意图
(a)电阻对焊;(b)闪光对焊

3. 对焊接头的常见缺陷及防止

对焊接头常见缺陷有外形不正、宏观及显微缺陷等几类。

(1)外形不正　外形不正将降低焊件强度。形成这类缺陷的主要原因有:焊件毛坯不准确,焊件装卡不正,电极未装牢,焊机导轨的间隙太大,机架刚度不足,伸出长度控制不当以及顶锻时失稳等。此外,焊接小直径焊件时,如果焊机二次电压过高,也常使电极与焊件接触不良而损坏焊件表面和外形。

(2)宏观缺陷　主要是未焊透、夹渣、疏松及裂纹等。

①未焊透常与夹渣相伴而生,在焊透处存在着大片的氧化膜或链状夹杂物,大大降低接头的强度;另外,此缺陷用无损检验难以发现,所以它是较危险的缺陷。造成这种缺陷的主要原因是:顶锻前温度太低,接头处不易产生塑性变形而难以排除氧化物;顶锻量太小,火口未能封闭;顶锻速度不够;断电过早以及母材金属中存在非金属夹杂物等。

②疏松也会削弱接头的强度,当钢的液-固两相共存区夹杂物较多、焊接区又较宽时,顶锻中很难完全排除液态金属,冷却后便易形成疏松。为了防止这种缺陷,应该降低加热区宽度和提高顶锻压力。

③裂纹有纵向和横向两种,如图 7 - 17 所示,此类缺陷的危害极大。横向裂纹一般是由于接头淬硬变脆而引起的;纵向裂纹则是由于过热区宽,顶锻量大形成的,应针对其具体产生的

原因予以防止。

(3)显微缺陷　有晶粒粗大、非金属以及显微裂纹等。也应该视具体原因制定防止措施。如晶粒粗大应从加热工艺参数方面考虑。产生夹渣则应该从顶锻和材料性能方面考虑。

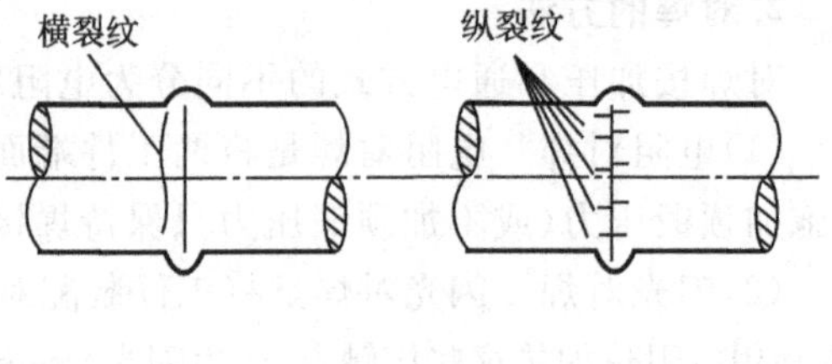

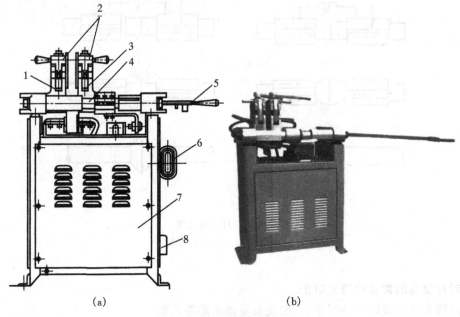

图 7-17　对焊接头的裂纹

4. 对焊机

对焊机由机架、导向机构、活动夹具、固定夹具、送给机构、夹紧机构、顶座、焊接电源及控制系统等部分组成,如图 7-18 所示。常用对焊机型号及技术数据见表 7-6。

(a)　　　　　　　　　　(b)

图 7-18　对焊机示意图

(a)构造;(b)外形

1—固定夹具;2—夹紧机构与电极;3—活动夹具;4—导轨;

5—送给机构;6—调节闸刀;7—机架;8—电源进线

表 7-6　常用对焊机型号及技术数据

型号	额定容量 /kW	电源电压 /V	次级空载电压 /V	最大焊接截面 (低碳钢)/ mm²	说明
UN2—16	16	220/380	1.76~3.52	300	可焊低、中碳钢、合金钢及有色金属
UN2—63	63	380	4.5~7.6	1000	电阻对焊或闪光对焊,可焊低、中碳钢、合金钢及有色金属
UNY—63	80	380	3.8~7.6	150	连续闪光对焊,可焊棒材、管材、工具及异形截面

复习思考题

1.什么是电阻焊? 它的特点是什么? 常用的电阻焊有哪几种?

2.金属材料电阻焊的焊接性的优劣与哪些因素有关?

3.点焊时焊接接头形成分哪几个阶段? 各有何特点?

4.什么是凸焊? 它有什么特点?

5.缝焊的种类有哪几种? 各有什么特点?

6.如何选择缝焊的焊接参数?

7.铝合金缝焊与点焊有何不同?

8.试述电阻对焊焊接接头形成过程。

9.试写出常用电阻焊机的型号。

10.对电阻焊电极材料的要求有哪些?

第8章 其他焊接方法

【目的】

1. 了解现阶段的各种焊接方法。

2. 掌握钎焊的方法及其特点。

【要求】

了解:1. 各种钎剂及钎料的特点及应用范围。

　　　2. 电渣焊、螺柱焊、高能束焊、摩擦焊及高频焊的特点、分类及应用范围。

掌握:1. 钎焊原理及特点、钎焊方法及其分类。

　　　2. 常用金属材料的钎焊方法、钎焊的缺陷及防止的措施。

随着焊接结构与焊接材料的日益发展,除了焊接生产中常用的焊条电弧焊、埋弧焊、气体保护焊、等离子弧焊、电阻焊等外,还产生了特殊的焊接方法。如重大装备制造业中特殊厚度的焊件、高熔点低塑性材料的焊接以及金属与非金属之间的焊接等,若用普通的焊接方法就很难保证焊接质量,甚至无法进行焊接作业。因此,我们需要了解一些独特的焊接方法,包括钎焊、高能密度焊接、电渣焊、摩擦焊、超声波焊和扩散焊等。这些方法都对保证焊接产品的质量、提高生产率起到了重要作用。

8.1 钎焊

钎焊技术已经有几千年的历史了,远在我国古代就有钎焊的实例,公元7世纪唐代已经应用锡钎焊和银钎焊来焊接了。但是在很长的历史时期中,钎焊技术没有得到较大的发展,直到近代,钎焊技术才有了较快的发展。目前钎焊在机电、电子工业、仪表及航空等工业中已经成为一种重要的工艺方法。

8.1.1 钎焊的原理及特点

1. 钎焊的原理

钎焊是采用比母材熔点低的金属材料作为钎料,将焊件和钎料加热到高于钎料熔点、低于母材熔点的温度,利用液态钎料润湿母材,填充接头间隙,并与母材相互扩散而实现连接焊件的方法。其过程如图8-1所示。

钎焊要获得优质的接头包含着两个过程:一是液态钎料能润湿钎焊金属并能致密地填满全部钎缝的过程;二是液态钎料同钎焊金属进行需要的相互作用,使之达到良好的金属间结合的过程。

(1)液态钎料的填隙原理　如果使熔化的钎料能很好地流入并填满接头间隙,钎料就必须具备两个条件:润湿作用和毛细作用。

①润湿作用。钎焊时,液态钎料对焊件浸润和附着的作用称为润湿作用。一般液态钎料

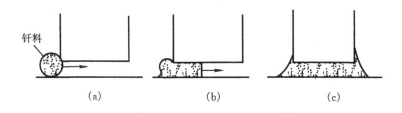

图 8-1 钎焊过程示意图
(a)在接头处安置钎料,并对焊件和钎料进行加热;(b)钎料熔化并开始流入钎缝间隙;
(c)钎料填满整个钎缝间隙,凝固后形成钎焊接头

对焊件的润湿作用越强,对焊件金属的吸附力越大,液态钎料就越容易在焊件上铺展,也就是说液态钎料也就越容易顺利地填满缝隙。一般来说钎料与焊件金属能相互形成固溶体或者化合物时润湿作用较好。图 8-2 所示为液态钎料对焊件的润湿情况。

图 8-2 液态钎料对焊件的润湿情况
(a)不润湿;(b)润湿作用强

②毛细作用。通常钎焊间隙很小,如同毛细管。钎料是依靠毛细作用在钎焊间隙内流动。熔化钎料在接头间隙中的毛细作用越强,熔化钎料的填满作用也越好。一般来说熔化钎料对固态焊件润湿作用好的毛细作用也强。间隙大小对毛细作用影响也较大,间隙越小,毛细作用越强,填缝也充分。但是间隙过小,钎焊时焊件金属受热膨胀,反而使填缝困难。

钎焊时一般都要用钎剂,它的作用为清除钎料和母材表面的氧化物,并保护焊件和液态钎料在钎焊过程中免于氧化,改善液态钎料对焊件的润湿性。

钎焊多用搭接接头、以便通过增加搭接长度(一般为板厚的 2~5 倍,但实际生产中,一般根据经验确定,不推荐搭接长度值大于 15 mm)来提高接头强度。焊件之间的装配间隙很小(十分之几到百分之几毫米),目的是增强毛细作用。

(2)钎料与焊件金属的相互作用 液态钎料在填满过程中会与焊件金属发生物理化学作用。一是固态焊件溶解于液态钎料,二是液态钎料向焊件扩散,这两个作用对钎焊接头的性能影响很大。当溶解与扩散的结果使它们形成固溶体时,接头的强度与塑性都高;如果溶解与扩散的结果使它们形成化合物时,接头的塑性就会降低。

2. 钎焊的特点

(1)钎焊的优点

①钎焊加热温度低于焊件金属的熔点,所以钎焊时,钎料熔化而焊件不熔化,对焊件的组织和性能影响较小;

②焊接应力和变形小,尤其是对焊件采用整体均匀加热的钎焊方法;

　③钎焊接头平整光滑,外观美观,往往用于焊接尺寸精度要求比较高的焊件,即适合于精密、复杂工件的焊接;

　④可以一次完成几个或几十个零件的连接,生产率高;

　⑤可以连接不同的金属以及金属与非金属,应用范围比较广泛。

　(2)钎焊的缺点

　①钎焊接头强度较基本金属低,耐高温能力也差,装配要求比熔焊要高;

　②钎焊的装配要求高,间隙一般要求在 0.01～0.1 mm 之间;

　③钎焊的接头形式以搭接为主,增加了结构重量。

8.1.2　钎焊方法

　钎焊方法通常是以实现钎焊加热所使用的热源来命名的。钎焊方法种类很多,特别是近几年来,又陆续出现了不少新的钎焊方法,诸如红外线钎焊、激光钎焊、光束钎焊等。以下介绍目前生产中广泛采用的几种钎焊方法。

1. 烙铁钎焊

　利用烙铁工作部件(烙铁头)积聚的热量来熔化钎料,并加热钎焊处的母材从而完成钎焊的方法。

　烙铁钎焊时,选用的烙铁的电功率应该与焊件的质量相适应,才能保证必要的加热速度和钎焊质量。由于手工操作,烙铁的质量不能太大,通常限制在 1 kg 以下,否则使用不便。但是,这就使烙铁所能积聚的热量受到限制,因此烙铁只适用于以钎料钎焊薄件和小件,多应用于电子、仪表等工业领域。

2. 火焰钎焊

　用可燃气体与氧气或压缩空气混合燃烧的火焰作为热源进行焊接。火焰钎焊设备简单、操作方便,根据工件形状可以用多火焰同时加热焊接,如图 8-3 所示。这种方法主要用于合金钢、不锈钢、铜及铜合金的薄壁和小型焊件,也同时用于铝及铝合金,如自行车架、铝水壶嘴等的焊接。

3. 浸渍钎焊

　浸渍钎焊是将工件局部或整体浸入熔态的盐混合物(称盐态)或液态钎料中而实现加热和钎焊的方法,如图 8-4 所示。它的优点是焊丝加热迅速,生产率高,液态介质保护零件不被氧化,有时还能同时完成淬火和热处理过程,特别适用于大批量生产。浸渍钎焊可分为盐浴钎焊或金属浴钎焊。

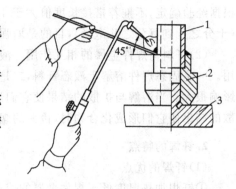

图 8-3　火焰钎焊示意图

1—导管;2—套接接头;3—工作平台

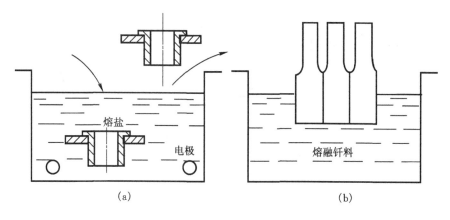

图 8-4 浸渍钎焊示意图

(a)盐浴钎焊;(b)熔融钎料中浸渍钎焊

4. 电阻钎焊

电阻钎焊和电阻焊相似,它是依靠电流通过钎焊处由电阻产生的热量来加热工件和熔化钎料的,如图 8-5 所示。电阻钎焊加热快,生产率高,但是只能适用于焊接接头尺寸不大、形状不太复杂的工件。

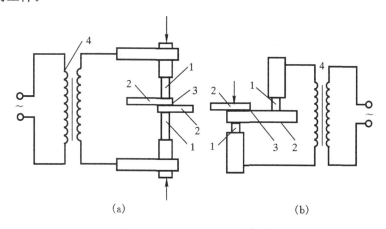

图 8-5 电阻钎焊原理图

(a)直接加热法;(b)间接加热法

1—电极;2—焊件;3—钎料;4—变压器

5. 感应钎焊

感应钎焊时,零件的钎焊部分被置于交变磁场中,这部分母材的加热是通过它在交变磁场中产生的感应电流的电阻热来实现的,如图 8-6 所示。

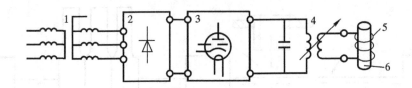

图 8-6　感应钎焊装置原理图

1—变压器;2—整流器;3—振荡器;4—高频变压器;5—感应器;6—焊件

6. 炉中钎焊

将装配好钎料的工件放在炉中进行加热焊接,常需要加钎剂,也可用还原性气体或惰性气体保护,加热比较均匀。按钎焊过程中钎焊区气氛组成可分为四类:空气炉中钎焊、中性气氛炉中钎焊、活性气氛炉中钎焊和真空炉中钎焊。大批量生产时可以采用连续式炉,如图 8-7、8-8所示。

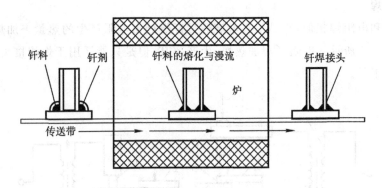

图 8-7　炉中钎焊工作示意图

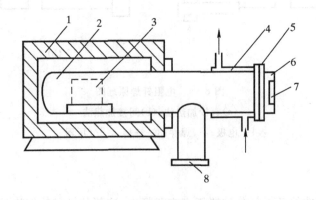

图 8-8　真空钎焊炉简图

1—电炉;2—真空容器;3—焊件;4—冷却水套;5—密封环;6—容器盖;7—窥视孔;8—接真空系统

合理选择钎焊方法的依据是材料的尺寸、钎料及钎剂、生产批量、成本等。表 8-1综合了各种钎焊方法的优缺点及适用范围。

表 8 - 1　各种钎焊方法的优缺点及适用范围

钎焊方法	主要特点		用途
烙铁钎焊	设备简单,灵活性好,适用于微细钎焊	需使用钎剂	只能用于软钎焊、钎焊小件
火焰钎焊	设备简单,灵活性好	控制温度困难,操作技术要求高	钎焊小件
盐浴钎焊	加热快,能精确控制温度	设备费用高,焊后需仔细清洗	用于批量生产
电阻钎焊	加热快,生产率高,成本低	控制温度困难,工件形状、尺寸受限制	钎焊小件
感应钎焊	加热快,钎焊质量好	温度不能精确控制,工件形状受限制	批量钎焊小件
保护气体炉中钎焊	能精确控制温度,加热均匀,变形小,一般不用钎剂,钎焊质量高	设备费用较高,加热慢,钎焊的工件不宜含大量挥发元素	大小件的批量生产,多钎缝工件的钎焊
真空炉中钎焊	能精确控制温度,加热均匀,变形小,能钎焊难焊合金,不用钎剂,钎焊质量好	设备费用较高,钎料和工件不宜含较多的易挥发元素	重要工件

8.1.3　钎焊材料

钎焊材料包括钎料和钎剂,它们是影响钎焊质量的决定因素。

1. 钎料

钎焊时用来填充的金属称作钎料。因为熔化的钎料是连接钎焊工件的,因此钎料直接影响钎焊接头的质量与性能。

(1)钎料的分类　钎焊按其熔化温度范围分为软钎料和硬钎料两大类。当所采用的钎料熔点在 450℃ 以下时,称为软钎料;当采用的钎料熔点在 450℃ 以上时,称为硬钎料。

①软钎料。多用于电子和食品工业中导电、气密和水密器件的焊接。以锡铅合金作为钎料最为常用。软钎料一般需要用钎剂,以清除氧化膜,改善钎料的润湿性能。钎剂种类很多,电子工业中多用松香酒精溶液软钎料,这种钎剂焊后的残渣对工件无腐蚀作用,称为无腐蚀性钎剂。焊接铜、铁等材料时用的钎剂由氯化锌、氯化铵和凡士林等组成;焊铝时需要用氟化物和氟硼酸盐作为钎剂;还有用盐酸加氯化锌等作为钎剂的。这些钎剂焊后的残渣有腐蚀作用,称为腐蚀钎剂,焊后必须清洗干净。软钎焊接头强度较低,一般不超过 68.6 MPa,只用于受力不大或工作温度较低的焊件。

②硬钎料。硬钎料种类繁多,以铝、银、铜、锰和镍为基的钎料应用最广。铝基钎料常用于

铝制品钎焊;银基、铜基钎料常用于铜、铁零件的钎焊;锰基和镍基钎料多用来焊接在高温下工作的不锈钢、耐热钢和高温合金等零件;焊接铍、钛、锆等难熔金属、石墨和陶瓷等材料则常用钯基、锆基和钛基等钎料。选用钎料时要考虑母材的特点和对接头性能的要求。硬钎焊钎剂通常由金属和重金属的氯化物和氟化物、硼砂、硼酸、氟硼酸盐等组成,可制成粉状、糊状和液状。在有些钎料中还可以加入锂、硼和磷,以增加其去除氧化膜和润湿的能力。焊后钎剂残渣用温水、柠檬酸或草酸清洗干净。硬钎焊的接头强度可达490 MPa,适用于受力较大或工作温度较高的焊件。

(2)钎料的型号与牌号　参看国家标准 GB/T 6208—1995《钎料型号表示方法》。

例如:S-Sn60Pb40Sb 表示一种含锡 60%、铅 39%、锑 0.4%(均为质量分数)的软钎料;B-Ag72Cu表示一种含银 72%、铜 28%(均为质量分数)的硬钎料。

(3)钎料的选择　钎料的选择要从使用的要求出发,对于钎焊接头强度要求不高和工作温度不高的钎焊可以采用软钎料钎焊;钢机构中应用最广的是锡铅钎料;对钎焊接头强度要求比较高的,则使用硬钎料钎焊,主要是铜基钎料和银基钎料;对在低温下工作的接头,应使用含锡量低的钎料;要求高温、强度和抗氧化性好的接头,宜用镍基钎料。

2. 钎剂

钎剂是钎焊时使用的溶剂,它的主要作用是去除母材和液态钎料表面上的氧化物,保护母材和钎料在加热过程中不至于进一步氧化,并改善钎料对母材表面的润湿能力。

(1)钎剂分类　按照使用的温度不同,钎剂可以分为软钎剂和硬钎剂;按用途不同,钎剂可以分为普通钎剂和专用钎剂。此外,考虑到作用状态的特征不同还可以分出一类气体钎剂。钎剂的分类如图 8-9 所示。

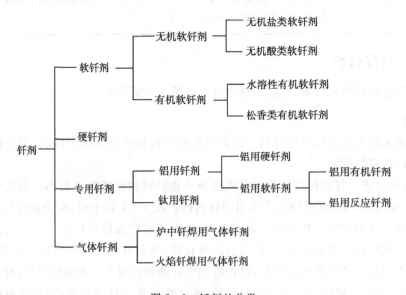

图 8-9　钎剂的分类

①软钎剂。在 450℃以下钎焊用的钎剂称为软钎剂,软钎剂可以分为无机软钎剂和有机软钎剂,如氯化锌水溶液就是常见的无机软钎剂。

②硬钎剂。在 450℃以上钎焊用的钎剂称为硬钎剂,常用的硬钎剂主要是以硼砂、硼酸及

它们的混合物为基体,以某些碱金属或碱土金属的氟化物、氟硼酸盐等为添加剂的高熔点钎剂,如 QJ102,QJ103 等。

③专用钎剂。专用钎剂是为那些氧化膜难以去除的金属材料钎焊而设计的,如铝用钎剂、钛用钎剂等。

④气体钎剂。气体钎剂是炉中钎焊和火焰钎焊过程中起钎剂作用的气体,常用的气体是三氟化硼、硼酸甲酯等,它的最大优点是焊前不需预涂钎剂,焊后无钎剂残渣,不需清理。常用气体钎剂的种类和用途见表 8-2。

表 8-2　常用气体钎剂的种类和用途

气体种类	适用方法	钎焊温度/℃	用途
三氟化硼	炉中钎焊	1 050～1 150	不锈钢、耐热合金
三氯化硼	炉中钎焊	300～1 000	铜及其合金、铝及其合金、碳钢及不锈钢
三氯化磷	炉中钎焊	300～1 000	铜及其合金、铝及其合金、碳钢及不锈钢
硼酸甲酯	火焰钎焊	>900	铜、碳钢及不锈钢

(2)钎剂牌号　钎剂牌号的编制方法:QJ 表示钎剂;QJ 后的第一位数字表示钎剂的用途类型,如"1"为铜基和银基钎料用的钎剂,"2"为铝及铝合金钎料用钎剂;QJ 后的第二、第三位数字表示同一类钎剂的不同牌号。

(3)钎剂和钎料的匹配　见表 8-3 常用金属材料火焰钎焊的钎料和钎剂的选用。

表 8-3　各种金属材料火焰钎焊的钎料和钎剂的选用

钎焊金属	钎料	钎焊溶剂
碳钢	铜锌钎料 B-Cu54Zn 银钎料 B-Ag45CuZn	硼砂或硼砂 60% + 硼酸 40% 或 QJ102 等
不锈钢	铜锌钎料 B-Cu54Zn 银钎料 B-Ag50CuZnCdNi	硼砂或硼砂 60% + 硼酸 40% 或 QJ102 等
铸铁	铜锌钎料 B-Cu54Zn 银钎料 B-Ag50CuZnCdNi	硼砂或硼砂 60% + 硼酸 40% 或 QJ102 等
硬质合金	铜锌钎料 B-Cu54Zn 银钎料 B-Ag50CuZnCdNi	硼砂或硼砂 60% + 硼酸 40% 或 QJ102 等
铜及铜合金	铜磷钎料 B-Cu80AgP 铜锌钎料 B-Cu54Zn 银钎料 B-Ag45CuZn	铜磷钎料钎焊纯铜时不用熔剂,钎焊铜合金时用硼砂或硼砂 60% + 硼酸 40% 或 QJ103 等
铝及铝合金	铝钎料 B-Al67CuSi	QJ102

8.1.4　钎焊应用

钎焊应用领域很广,可用于各种黑色、有色金属和合金以及异种金属的连接,适宜于小而薄和精度要求高的零件。在机械、电机、无线电、仪表、航空、导弹、原子能、空间技术以及化工、食品等领域都有应用;在国防和尖端技术领域,如喷气发动机、火箭发动机、原子能设备制造中都大量采用钎焊技术;在机电制造业中,钎焊技术已经用于制造硬质合金刀具、钻头、电缆、汽轮机叶片等;在电子工业和仪表制造中,在许多情况下钎焊是唯一可能的连接方法,如制造电子管、微波管等。

8.2　高能密度焊

由于电子束、激光和压缩电弧产生的能量密度(大于等于 10^6 W/cm²)特别高,所以将电子束焊、激光焊和等离子弧焊统称为高能密度焊。本节主要介绍电子束焊和激光焊。

8.2.1　电子束焊

1. 电子束焊的原理

电子束焊是利用电子枪产生的电子束流,在强电场的作用下以极高的速度撞击焊件表面,把部分动能转化成热能使焊件熔化而形成焊缝的一种工艺方法,其工作原理如图 8-10 所示,热阴极(或灯丝)发射的电子,在真空中被高压静电场加速,经磁透镜产生的电磁场聚集成功率密度高达 $10^6 \sim 10^8$ W/cm² 的电子束(束径为 0.25~1 mm),轰击到工件表面上,释放的动能转变为热能,熔化金属。强烈的金属气流将熔化的金属排开,"钻出"一个锁形的小孔(匙孔),如图 8-11 所示。

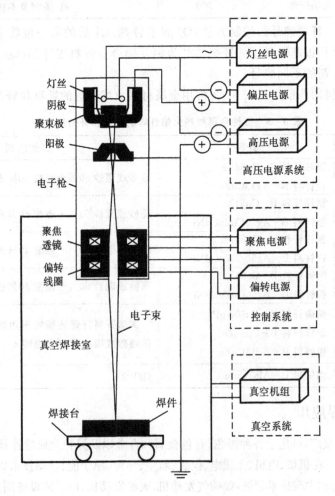

图 8-10　真空电子束焊原理

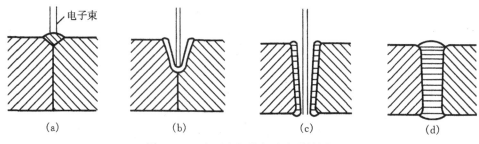

图 8 - 11　电子束焊接焊缝成形的原理

(a)接头局部熔化蒸发；(b)金属蒸汽排开液体金属，电子束"钻入"母材，形成"匙孔"；
(c)电子束穿透工件，"匙孔"由液态金属包围；(d)焊缝凝固成形

2. 电子束焊的特点

电子束焊与其他焊接方法相比，有以下优点。

(1)电子束功率密度高　由于电子束焊加热集中、能量密度高，约为电弧焊的 5 000 ～ 10 000倍，所以适宜焊接难熔金属及敏感性强的金属。又因为焊接速度(125～200 m/h)快，焊接变形小，热影响区很小，故可对精加工后的零件进行焊接。

(2)焊缝深宽比大　通常电弧焊的深宽比不超过 2，埋弧焊约为 1 : 1.3，而电子束的深宽比可以达到 50 : 1，所以电子束焊接基本上不产生角变形，适宜于厚度较大钢板不开坡口的单道焊，大幅度节省了材料和能量消耗。

(3)焊接金属纯度高　电子束的焊接工作室一般处于高真空状态，真空工作室为焊接创造了高纯洁的环境，因而不需要保护气体就能获得无氧化、无气孔和无夹渣的优质焊接接头。

(4)工艺适应性强　工艺参数便于调节，且调节范围很宽，并且易于实现机械化、自动化控制，对焊接结构有很强的适应性，还可以将大型加工件改为易于加工的简单小件，从而简化加工工艺。

(5)可焊接材料多　不仅仅能焊接金属和异种金属材料的接头，也可以焊接如陶瓷、石英玻璃等非金属材料。

电子束焊的缺点：

①电子束焊接设备比较复杂，价格昂贵，使用维护较困难；

②对接头加工质量、装配要求严格；

③真空电子束焊接时，被焊件尺寸受限；

④电子束易受外界磁场的干扰；

⑤产生 X 射线，对人体健康有危害。

3. 电子束焊的分类

(1)根据被焊工件所处环境的真空度分类

①高真空电子束焊。在真空度为 $10^{-4} \sim 10^{-1}$ Pa 的工作室内进行焊接。高真空电子束焊可防止金属元素的氧化和烧损，是目前应用广泛、发展比较成熟的一种方法。其缺点是焊件的大小受工作室尺寸的限制，真空系统比较复杂，焊接效率低，成本高，适用于活泼金属、难熔金属、高要求焊件的焊接。

②低真空电子束焊。焊接是在真空度为 $10^{-1} \sim 10$ Pa 的工作室内焊接，与高真空电子束

焊相比,降低了成本,缩短了生产周期,适用于大批量零件的焊接和生产线。

③非真空电子束焊。电子束本身仍然在真空条件下产生,只是产生的电子束在大气的压力下进行焊接。在大气压下,电子束散射强烈,功率密度显著降低,焊缝熔深及深宽比降低,一次焊透不超过 30 mm。这种电子束焊接摆脱了工作室的限制,扩大了电子束焊接的应用范围。

(2)根据电子束焊机加速电压高低分类

①高压电子束焊接(120 kV 以上)。在相同功率下,高压电子束焊接易于获得直径小、功率密度大的电子束斑点和深宽比大的焊缝,对大厚度板材的单道焊及难熔金属和热敏感性强的材料焊接特别合适。但是高压电子束焊接时产生的 X 射线强,屏蔽防护较困难,需要用耐高压绝缘材料防止高压电击穿,目前只能做成固定式电子枪。

②中压电子束焊接(60~100 kV)。因加速电压较低,其电子束斑点较大,电子束斑点半径仍在 0.4 mm 内,能满足一般焊接要求,可焊板厚度达 70 mm 左右。降低加速电压对解决 X 射线防护和电子枪的绝缘问题有利,电子枪可以做成固定的或是移动的。

③低压电子束焊接(40 kV 以下)。焊接不需要采用特殊的射线防护,设备较简单,电子枪可做成小型移动式的。但在相同功率下,电子束流大,束流会聚较困难,其束斑直径大于或等于 1 mm,其功率也限于 10 kW 以内,所以只用于焊缝的深宽比要求不高的薄板焊接。

4. 电子束焊的应用

电子束焊可用于焊接低合金钢、有色金属、难熔金属、复合材料、异种材料等,薄板、厚板均可以,特别适用于焊接厚件及要求变形很小的焊件、真空中使用器件、精密微型器件等。近年来,我国在汽车制造、电子和仪表工业中都应用了电子束焊接。

8.2.2 激光焊

1. 激光焊的特点

激光焊是 20 世纪 70 年代发展起来的焊接技术,它以高能量的激光作为热源,对金属进行熔化形成焊接接头。与一般焊接方法相比,激光焊具有以下优点。

①激光焊束能量密度大,可以达到 $10^5 \sim 10^{13}$ W/cm² 甚至更高,加热过程极短,焊点小,热影响区窄,焊接变形小,焊件尺寸精度高。

②可进行深熔焊接,深宽比可以达到 12:1,不开坡口单道可焊透 50 mm,焊接过程出现小孔效应,激光焊的深熔焊接如图 8-12 所示。

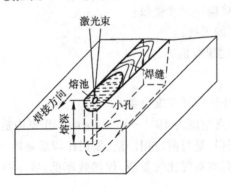

图 8-12　激光深熔焊接示意图

③可以焊接常规焊接方法难以焊接的材料,如钨、钼、钽、锆等难熔金属等,甚至可以用于非金属的焊接,如陶瓷、有机玻璃等。

④激光能反射、透射,能在空间传播相当长的距离而衰减很小,可进行远距离或一些难接近部位的焊接。

⑤可以在空气中焊接有色金属,而不需要外加保护气体。与电子束焊相比,激光焊不需要真空室,不产生 X 射线,并且不受电磁场干扰,可以焊接磁性材料。

⑥一台激光器可完成焊接、切割、合金化和热处理等多种工作。

激光焊的缺点主要有:一次性投入大,对高反射率的材料难以直接进行焊接等。

2. 激光焊设备

整套的激光焊设备如图 8 - 13 所示,主要包括激光器、光束检测仪、光学偏转聚焦系统、工作台(或专用焊机)和控制系统。

(1)激光器　用于焊接的激光器,按激光工作物质状态可以分为固体激光器和气体激光器;按其能量输出方式可分为脉冲激光器和连续激光器。

①固体激光器　它主要由激光工作物质(红宝石、YAG 或钕玻璃棒)、聚光器腔(全反镜和输出窗口)、泵灯、电源及控制设备组成。

②气体激光器　焊接和切割所用气体激光器大都是 CO_2 激光器。

(2)光束检测仪　光束检测仪有两个作用:一是可以随时检测激光器的输出功率;二是可以检测激光束横断面上的能量分布。

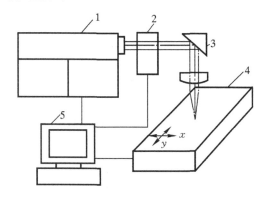

图 8 - 13　激光加工设备
1—激光器;2—光束检测仪;3—偏转聚焦系统;
4—工作台;5—控制系统

(3)偏转聚焦系统　改变激光方向和聚集能量的作用。

3. 激光焊新技术——激光-MIG 复合焊

激光焊虽然是一种高能量密度焊接方法,但是在激光焊接的时候,往往会遇到以下一些问题:一是由于光束直径很小,要求被焊工件装配间隙小于 0.5 mm;二是在激光焊开始还未形成熔池时热效率极低;三是在大功率激光焊接时,产生的金属蒸汽和保护气体一起被电离,在熔池上方形成等离子体,当激光束入射到等离子体时会产生折射、反射、吸收,改变焦点位置,降低激光功率和热源的集中程度,即激光焊接时的等离子体的负面效应,从而影响焊接过程。

当采用了激光-MIG复合焊时,能充分发挥每种焊接方法的优点,并克服不足,其焊接原理如图8-14所示。由于激光与MIG焊复合,熔池宽度增加,使得装配要求降低,焊缝跟踪容易。

由于MIG焊电弧先将母材熔化,可以解决初始熔化问题,使激光的吸收率高达50%~100%,有效地利用激光能量,从而可以减少所用激光器的功率。激光束直接作用在电弧形成熔池的底部,加之液态金属对激光束的吸收率高,使熔深增大。在激光-MIG复合焊中,激光焊的深熔、快速、高效、低热输入特点仍然保持,同时MIG焊焊丝金属熔化在熔池中,可以避免焊缝表面产生凹陷、咬边等缺陷。

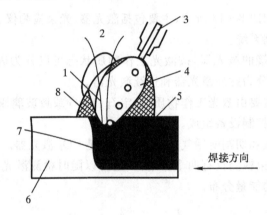

图8-14　激光-MIG复合焊原理图
1—激光产生的金属蒸汽;2—激光束;3—电极;4—电弧;5—熔化区;
6—焊件;7—蒸汽孔洞;8—等离子弧区

这种复合的焊接方法已在汽车工业、船舶工业和运输系统的制造业中得到应用,可以焊接钢和铝及其合金结构。例如可焊接摩托车的铝合金轴。

4. 激光焊的应用

激光焊可以焊接低合金高强度钢、不锈钢及铜、镍、钛合金,异种金属以及非金属材料(如陶瓷、有机玻璃等),激光还可以用来焊接、切割、打孔或进行其他加工,目前主要用于电子仪表、石化、航空、航天、原子核反应堆等领域。

8.3　电渣焊

8.3.1　电渣焊的原理及分类

电渣焊是利用电流通过液体熔渣所产生的电阻热进行焊接的方法,其原理如图8-15所示。

电渣焊根据所用电极形状的不同可分为以下几种。

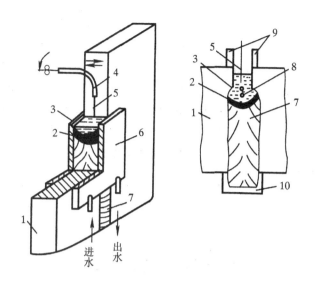

图 8 - 15　电渣焊焊接过程示意图

1—焊件；2—金属熔池；3—渣池；4—导电嘴；5—焊丝；6—冷却滑块；

7—焊缝；8—金属熔滴；9—引出板；10—引弧板

1. 丝极电渣焊

丝极电渣焊是应用得最早、最多的一种电渣焊方法。它利用不断送进的焊丝作为熔化电极（填充金属），如图 8 - 16 所示。根据焊件厚度不同，可同时采用 1～3 根焊丝。在焊丝根数不变的情况下，为了增加所焊焊件的厚度并使母材在厚度方向上受热熔化均匀，焊丝可以沿着厚度方向作横向往复摆动。在采用多根焊丝焊接时，焊接设备和焊接技术就比较复杂。丝极电渣焊方法一般用于焊接厚度为 40～450 mm 并且焊缝较长的焊件以及环焊缝的焊接。

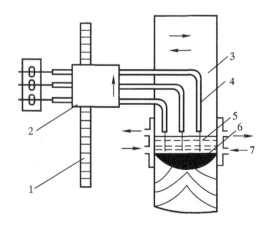

图 8 - 16　丝极电渣焊示意图

1—导轨；2—焊机机头；3—工件；4—导电嘴；

5—渣池；6—金属熔池；7—水冷成形滑块

2. 板极电渣焊

板极电渣焊是用金属板条作为熔化电极,如图 8-17 所示。根据焊件厚度不同,板极电渣焊可以采用一块或数块板极进行焊接。由于焊接时板极只是需要向下送进,不作横向摆动,而且板极的送进速度很慢(1~3 m/h),完全可以手动送进,因而板极电渣焊设备比较简单。板极材料的化学成分与焊件相同或相近即可,因此可用板材的边角料制作,既方便又经济。但板极电渣焊需要采用大功率电源(因电极的截面大);同时,要求板极的长度为焊缝长度的4~5倍,若焊缝长度增加,板极长度也要增加。这样板极长度会受到自身刚度和送进机构的高度限制,所以板极电渣焊的焊缝长度受到限制。

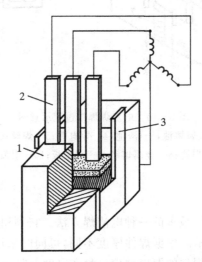

图 8-17　板极电渣焊示意图
1—焊件;2—板极;3—强迫成形

3. 熔嘴电渣焊

熔嘴电渣焊是利用不断送进的焊丝和固定于焊件装配间隙并与焊件绝缘的熔嘴共同作为填充金属的电渣焊方法,如图 8-18 所示。

熔嘴是由与焊件截面形状相同的熔嘴板和导丝管组成,焊接时,熔嘴不仅起到导电嘴作用,而且熔化后又成为填充金属的一部分。根据焊件厚度不同,可以采用一个或多个熔嘴同时焊接。目前可焊焊件厚度已经达到 2 m,焊缝长度已达10 m以上。

4. 管极电渣焊

管极电渣焊又称管状熔嘴电渣焊,它的基本原理与熔嘴电渣焊相同,如图

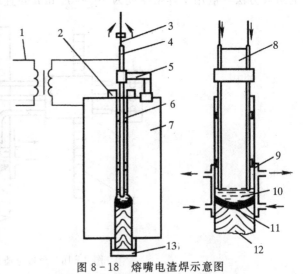

图 8-18　熔嘴电渣焊示意图
1—电源;2—引出板;3—焊丝;4—熔嘴钢管;5—熔嘴夹持架;6—绝缘块;7—工件;8—熔嘴铜块;9—水冷成形滑块;10—渣池;11—金属熔池;12—焊缝;13—引弧板

8-19所示。管极电渣焊用一根在外表面涂有药皮的无缝钢管充当熔嘴,在焊接过程中,药皮除了可起到绝缘作用并使装配间隙减小外,还可以起到随时补充熔渣及向焊缝过渡合金元素的作用。这种方法适用于焊接厚度为 20～60 mm 的焊件。

8.3.2　电渣焊应用

电渣焊适用于焊接厚度较大的焊件,目前可以焊接的最大厚度达到 300 mm。焊件越厚、焊缝越长采用电渣焊越合理。一般用于难以采用埋弧焊或气电立焊的某些曲线或曲面焊缝、由于现场施工或起重设备的限制必须在垂直位置焊接的焊缝以及大面积的堆焊、某些焊接性较差的金属如高碳钢、铸铁的焊接等。电渣焊不仅是一种优质、高效、低成本的焊接方法,而且它还为生产、制造大型构件和重型设备开辟了新途径。一些外形尺寸和重量受到生产条件限制的大型铸造和锻造结构,借助于电渣焊方法,可用铸-焊、锻-焊或轧-焊结构来代替,从而使工厂的生产能力得到显著的提高。

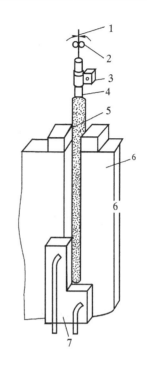

图 8-19　管极电渣焊示意图
1—焊丝;2—送丝滚轮;3—管极夹持机构;4—管极钢管;5—管极涂料;6—焊件;7—水冷成形滑块

8.4　螺柱焊

螺柱焊是将金属螺柱或其他紧固件焊接在工件上的方法。目前在汽车、造船、机车等诸多行业应用很广的螺柱焊属于一种加压熔焊,它兼有熔焊和压焊的特征。将螺柱的一端与板件表面接触,通电引弧,待接触面熔化后,给螺柱一定的压力从而完成焊接。

8.4.1　螺柱焊的特点、分类及应用

1. 螺柱焊的特点

螺柱焊与普通电弧焊相比,或与同样能把螺柱与平板作 T 形连接的其他工艺方法相比,具有以下特点。

①焊接时间短(通常小于 1 s),不需要填充金属,生产率高;热输入小,焊缝金属和热影响区域窄,焊接变形极小,所以精确度高,稳定性好。

②只需要单面焊,并且由于熔深浅,焊接过程中对焊件背面不会造成损害。

③安装紧固件时,不需要钻孔、打洞、攻螺纹和铆接等连接方式就能使紧固件之间的间距达到最小,增加防漏的可靠性。

④易于全位置焊接。

⑤与螺纹连接相比节省材料,不打孔,减少连接部分所需机械加工工序,成本低,效率高。

⑥焊前接触表面需要清理油污、氧化物等,但清理要求不高,焊后也无需清理。

⑦焊接设备调节比较复杂。

2. 螺柱焊的应用

螺柱焊在安装螺柱或类似的紧固件方面可以取代铆接、钻孔、焊条电弧焊、电阻焊或钎焊,

可以焊接低碳钢、低合金钢、铜、铝及其合金材质制成的螺柱、螺钉(栓钉)、销钉以及各种异型钉,广泛应用于高层钢骨结构建筑、工业厂房建筑、公路、铁路、桥梁、塔架、汽车、能源、交通设施建筑、机场、车站、电站、管道支架、起重机械及其他钢结构等。

3. 螺柱焊的分类

实现螺柱焊接的方法有多种,与之相对应的焊机也有所不同,螺柱焊机在国内有多种非正规名称,如焊机、植焊机、种钉机、植钉机、螺钉焊机、螺丝焊机等,均是指螺柱焊机。螺柱焊根据所用电源和接头形成过程的不同通常可以分为三种基本形式:电弧螺柱焊、电容储能螺柱焊、短周期螺柱焊。

这三种螺柱焊的主要区别在于供电电源和燃弧时间长短不同。电弧螺柱焊是由弧焊电源供电,燃弧时间约为 0.1~1 s;电容储能螺柱焊是由电容储能电源供电,燃弧时间非常短,约为1~15 ms;短周期螺柱焊是电弧螺柱焊的一种特殊形式,焊接时间只有电弧螺柱焊的十分之一到几十分之一,在焊接过程中与电容储能螺柱焊一样,不用采取像普通电弧螺柱焊所用的陶瓷环、焊剂及保护气体等保护措施。

8.4.2 电弧螺柱焊

电弧螺柱焊是电弧焊方法的一种特殊应用。焊接过程大致如下:先将螺柱放入焊枪夹头,在螺柱与焊件之间引燃电弧,使螺柱端面和相应的焊件表面被加热到熔化状态,达到适宜的温度时,将螺柱挤压到熔池中去,使两者熔合形成焊缝,靠预加在螺柱引弧端的焊剂和陶瓷保护圈来保护熔融金属。

1. 电弧螺柱焊的焊接原理

电弧螺柱焊的焊接原理如图 8-20 所示。

①将焊枪置于焊件上(见图 8-20(a))。

②施加预压力使焊枪内的弹簧压缩,直到螺柱与保护套圈紧贴焊件表面(见图 8-20(b))。

③扣压焊枪上的扳机开关,接通焊接回路使枪体内的电磁线励磁,螺柱被自动提升,在螺柱与焊件之间引弧(见图 8-20(c))。

④螺柱处于提升位置,电弧扩展到整个螺柱端面,并使端面少量熔化,电弧热同时使螺柱下方的焊件表面熔化并形成熔池(见图 8-16(d))。

⑤电弧按预定时间熄灭,电磁线圈去磁,靠弹簧压力快速地将螺柱熔化端压入熔池,焊接回路断开(见图 8-16(e))。

⑥稍停后,将焊枪从焊好的螺柱上抽起,打碎并除去保护套圈(见图 8-16(f))。

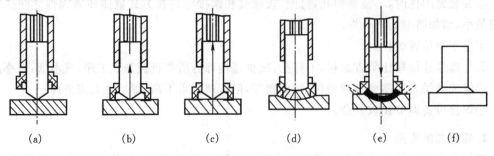

| (a) | (b) | (c) | (d) | (e) | (f) |

图 8-20　电弧螺柱焊操作顺序(箭头表示螺柱运动方向)

2. 电弧螺柱焊的设备

电弧螺柱焊的设备由焊接电源、焊接时间控制器和焊枪等组成。

电弧螺柱焊枪是螺柱焊设备的执行机构,有手持式和固定式两种。手持式焊枪应用较普遍,固定式焊枪是为某种特定产品而专门设计的,被固定在支架上,在一定工位上完成焊接。两种焊枪的工作原理相同。

专用焊机常将电源与时间控制器做成一体。对焊接电源要求用直流电电源来获得稳定电弧,还要有较高的空载电压,具有陡降的外特性,并且能在短时间内输出大电流并迅速达到设定值。

3. 电弧螺柱焊的焊接参数

输入足够的能量是保证获得优质电弧螺柱焊接接头的基本条件,而这个能量又与螺柱的横截面积的大小、焊接电流、电弧电压及燃弧时间有关。焊接电弧电压取决于电弧长度或螺柱焊枪调定的提升高度,一旦调好,电弧电压就基本不变。因此输入能量只由焊接电流和焊接时间决定。生产中一般是根据所焊螺柱横截面尺寸来选择焊接电流和时间,螺柱直径越大,焊接电流越大,焊接时间越长。此外,焊接参数也与螺柱材质有关,如铝合金电弧螺柱焊用氩气保护时,和钢螺柱焊相比,要求用较大的电弧电压、较长的焊接时间和较低的焊接电流。

4. 短周期螺柱焊

短周期螺柱焊是焊接电流经过波形控制的电弧螺柱焊,是普遍电弧螺柱焊的一种特殊形式。焊接过程也是由短路、提升、焊接、落钉、有电顶锻等几个过程组成。短周期螺柱焊设备由电源、控制装置、送料机及焊枪等部分组成,其中电源和控制箱通常装在同一箱体中。此种螺柱焊的电源,可以是弧焊整流器组、逆变器,也可以是整流器加电容组。采用双整流器和逆变器作电源时的电弧过程是阶段稳定的电弧过程。

8.4.3　电容储能螺柱焊

储能式螺柱焊机采用大容量电容作为焊接能量的来源,通过可控硅精确控制放电时间,以瞬间低电压、强电流的方式将螺柱尖端迅速熔化,使螺柱和工作面间隙快速合并,将螺柱牢固地焊接在工作面上,整个过程持续 1～3 ms。以充于电容器中的电能瞬时放电产生电弧热来连接螺柱与工件的方法,称为电容放电螺柱焊。由于在焊接前电能已经储在电容器内,故又称为电容储能螺柱焊。根据引燃电弧的方式不同,将电容储能螺柱焊分成预接触式、预留间隙式和拉弧式三种焊接方法。

1. 预接触式

预接触式电容储能螺柱焊的特征是先接触后通电(加压在通电之前),再完成焊接。这种方法必须在螺柱法兰端部预加工出一个凸台,其焊接过程如图 8 - 21 所示。操作步骤是:先将螺柱对准焊件,使小凸台与焊件接触(见图 8 - 21(a)),然后施压使螺柱推向焊件,随后电容放电,大电流流经小凸台,因电流密度很大,瞬间被烧断而产生电弧(见图 8 - 21(b))。在电弧燃烧过程中,待焊面被加热熔化,这时由于压力一直存在,因此螺柱向焊件移动(见图 8 - 21(c)),待柱端与焊件接触,电弧熄灭,即形成焊缝(见图 8 - 21(d))。

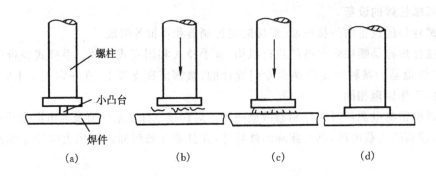

图 8-21 预接触式电容储能螺柱焊(箭头表示螺柱运动方向)

2. 预留间隙式

预留间隙式电容储能螺柱焊的特征是留间隙,先通电后接触放电加压,完成焊接。其焊接过程如图 8-22 所示。操作步骤是:螺柱待焊端同样要加工出小凸台,焊接时将螺柱对准焊件,不接触,留有间隙(见图 8-22(a)),然后通电,在间隙之间加入了电容器充电电压,同时螺柱脱扣,在弹簧、重力或汽缸推力作用下移向焊件;当螺柱与焊件接触瞬间,电容器立即放电(见图 8-22(b));大电流使小凸台烧化而引燃电弧,电弧使两待焊面熔化(见图 8-22(c));最后螺柱插入焊件,电弧熄灭而完成焊接(见图 8-22(d))。

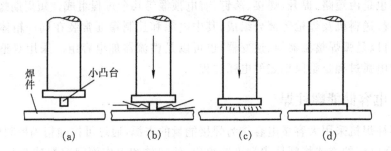

图 8-22 预留间隙式电容储能螺柱焊(箭头表示螺柱运动方向)

3. 拉弧式

拉弧式电容储能螺柱焊的特征是接触后拉起引弧,再电容放电完成焊接。该方法的螺柱待焊端不需要小凸台,但是需要加工成锥形或略呈球面。引弧方法与电弧螺柱焊相同,由电子控制器按程序操作,焊枪也与电弧螺柱焊相似。

焊接过程如图 8-23 所示。焊接时,先将螺柱在焊件上定位并使之接触(见图 8-23(a)),按动焊枪开关,接通焊接回路和焊枪体内的电磁线圈。线圈的作用是把螺柱拉离焊件,使它们之间引燃小电流电弧(见图 8-23(b))。当提升线圈断电时,电容器通过电弧放电,大电流将螺柱和焊件待焊面熔化,螺柱在弹簧或汽缸力作用下向焊件移动(见图 8-23(c))。当插入焊件时电弧熄灭,完成焊接(见图 8-23(d))。

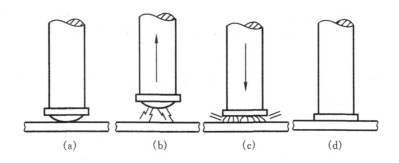

图 8-23 拉弧式电容储能螺柱焊(箭头表示螺柱运动方向)

储能式螺柱焊机广泛运用于钣金工程、电子业开关柜、试验和医疗设备、食品工业、家电工业、通信工程、工业全套炊具、办公室和银行设备、投币式售货机、玻璃幕墙结构和绝缘技术等。

8.4.4 螺柱焊方法的选择

螺柱焊方法的选择遵循以下原则。

①对直径大于 8 mm 的螺柱,可以采用电弧螺柱焊方法(如电站锅炉水冷壁管屏通常采用电弧螺柱焊)。虽然电弧螺柱焊可焊接直径 3~25 mm 的螺柱,但对于直径在 8 mm 以下的螺柱,更适合的方式是采用电容储能螺柱焊或短周期螺柱焊。

②在选择上还要考虑螺柱直径和焊件厚度的比例关系,一般电弧螺柱焊采用的比例是 3~4,电容储能螺柱焊和短周期螺柱焊采用的比例是 8 左右,因此焊件厚度 3 mm 以下最好采用电容储能螺柱焊和短周期螺柱焊。

③对于碳钢、不锈钢、铝合金等材料的焊接,可以选择任意一种螺柱焊方法。但是对于铝合金、铜及涂层钢板薄板或异种金属材料螺柱焊最好选择电容储能螺柱焊。

8.5 摩擦焊

8.5.1 摩擦焊的原理及特点

1. 摩擦焊的基本原理

摩擦焊是利用焊件接触端面相对运动中相互摩擦所产生的热,使端部达到热塑性状态,然后迅速顶锻完成焊接的一种压焊方法。

图 8-24 为最普通的摩擦焊接过程示意图。欲把两个圆形截面工件进行对接焊,首先使一个工件以中心线为轴高速旋转,然后使另一个工件向旋转工件施加轴向压力,接触端面就开始摩擦加热,达到给定的摩擦时间或规定的摩擦变形量(这时接头已加热到焊接温度)时,立即停止工件转动,同时施加更大的轴向压力,进行顶锻完成焊接。焊接过程不加填充金属,不需要焊剂,也不需要保护气体,全部焊接过程只需要几秒钟。

两焊件接合面之间在压力下高速相对摩擦可以产生两个很重要的效果:一是破坏了接合面上的氧化膜或其他污染层,使干净金属暴露出来;另一方面就是发热,使接合面很快形成热塑性层。在随后的摩擦扭矩和轴向压力作用下这些破碎的氧化物和部分塑性层被挤出接合面外而形成飞边,剩余的塑性变形金属就构成焊缝金属,最后的顶锻使焊缝金属获得进一步锻造,形成了质量良好的焊接接头。

从焊接过程看出,摩擦焊接头是在被焊金属熔点以下形成的,所以摩擦焊属于固态焊接方法。

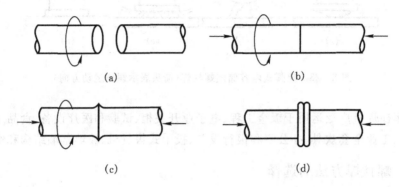

图 8-24　普通摩擦焊接过程示意图

2. 摩擦焊的特点

(1)摩擦焊的优点

①接合表面的清洁度不像电阻对焊时那么重要,因为摩擦过程能破坏和清除表面层。

②局部受热、不发生熔化,使得摩擦焊比其他焊接方法更适于焊接异种金属。

③大批量生产,易于实现机械化和自动化。具有自动上、下料装置的摩擦焊机,生产率非常高,高达 1 200 件/小时。

④电功率和总能量消耗比其他焊接方法小,比闪光焊节能 80%~90%。

⑤工作场地卫生,没有火花、弧光、飞溅及有害气体或烟尘。

(2)摩擦焊的缺点

①摩擦焊主要是一种工件高速旋转的焊接方法,其中一个工件必须有对称轴,并且它能绕着此轴旋转。因此工件的形状和尺寸受到很大的限制,对于非圆形截面工件的焊接就很困难,盘状工件或薄壁管件,由于不易夹紧也很难施焊。

②由于受摩擦焊机主轴电动机功率和压力的限制,目前最大焊接的截面仅仅为 200 cm^2。

③摩擦焊机的一次性投资较大,只有大批量集中生产时,才能降低焊接生产成本。

8.5.2　摩擦焊的分类

摩擦焊按焊件相对摩擦运动的轨迹分类有旋转式摩擦焊和轨道式摩擦焊两类。

旋转式摩擦焊的基本特点是至少有一个焊件在焊接过程中绕着垂直于接合面的对称轴旋转。这类摩擦焊主要用于具有圆形截面的焊件的焊接,是目前应用最广、形式也最多的类型。

轨道式摩擦焊使一焊件接合面上的每一点都相对于另一焊件的接合面作同样大小轨迹的运动,运动的轨迹可以是环行的或直线往复的。图 8-25 显示了一个焊件相对于另一个焊件的接合面作小圆周运动,在作这种小圆周运动时,这两焊件都不绕各自的中心轴旋转,但必须使接合面保持接触。当停止运动时,必须趁接头尚处于塑性状态,迅速将焊件对准成一直线后顶锻,完成焊接。这类摩擦焊仅用于非圆形截面的零件焊接。

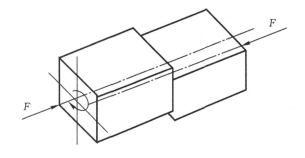

图 8 - 25　轨道式摩擦焊示意图

旋转式摩擦焊按其操作方法不同又分为图 8 - 26 所示形式。

1. 普通型

如图 8 - 26(a)所示,一个焊件旋转而另一焊件保持不转动,是最常见的一种。

2. 两焊件异向旋转型

如图 8 - 26(b)所示,两焊件都旋转,但方向相反,适用于焊接小直径焊件,这种小直径焊接需要很高的相对转速。

3. 中间件旋转型

如图 8 - 26(c)所示,此法适用于焊接两根很长的焊件。

4. 焊件在中间两头同向旋转型

如图 8 - 26(d)所示,两旋转的焊件顶向中间静止的焊件。

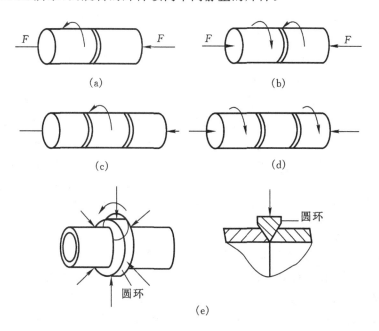

图 8 - 26　旋转摩擦焊的各种形式

5. 径向摩擦焊型

如图 8-26(e)所示,将被焊两管件端部开坡口,并相互对好、夹牢,然后在接头坡口中放入一个具有与管件相似成分的整体圆环,该圆环有内锥面,焊前应使锥面与坡口底部首先接触。焊接时,焊件静止,圆环高速旋转并向两管端加径向摩擦压力。当摩擦加热结束,停止圆环转动,并向圆环施加顶锻压力而使两管焊牢。

8.5.3　摩擦焊应用

摩擦焊已经在各领域获得广泛应用,下面列举一些应用摩擦焊制造的产品。

刀具制造业:钻头、立铣刀、丝锥、铰刀、拉刀等的毛坯焊接,通常是刀刃部(高速钢)与圆刀柄部(碳钢)之间摩擦焊。

机器制造业:轴类零件、管子、螺杆、顶杆、拉杆、拨叉、机床主轴、铣床刀杆、地质钻杆、液压千斤顶、轴与法兰盘等。

汽车、拖拉机制造业:半轴、齿轮轴、柴油机增压器叶轮、汽车后桥轴头、排气阀、活塞杆、双金属轴瓦等。

自行车零件制造业:压力安全阀的摩擦焊等。

锅炉制造业:蛇形管对接。

石油化工行业:石油钻杆、管道。

阀门制造业:高压阀门的阀体焊接。

电工行业:铜-铝接线端子焊接。

轻工纺织机械中的小型轴类、辊类、管类零件。

8.5.4　摩擦焊的新发展——搅拌摩擦焊

近年来,为了保护环境、节约能源,人们强烈希望运输机械轻量化。由于铝及其合金有重量轻、耐腐蚀、易成形等优点,且随着新型硬铝等材料的出现,材料的性能不断地提高,因而在航空、航天、高速列车、高速舰船、汽车等工业制造领域得到了越来越广泛的应用。

这些结构的安装连接主要以焊接为主要连接方式。在铝及铝合金的焊接中存在的主要问题之一是它的膨胀系数大,在焊接时会产生较大的变形。为了防止变形,在施工现场必须采用胎卡具固定,并由培训过的熟练工人操作。因为铝及其铝合金容易氧化,表面存在一层致密、坚固难熔的氧化膜,所以焊前要求对其表面进行去膜处理。焊接时,要用氩气等惰性气体进行保护。铝及铝合金焊接时,容易产生气孔、热裂纹等缺陷,也是焊接时候必须注意的。对于热处理型铝合金来说,必须避免使焊接时热影响区软化强度降低。为了解决铝及铝合金熔焊时出现的以上问题,开发研制出一种新的固相焊接方法,即搅拌摩擦焊。

1. 搅拌摩擦焊的原理

搅拌摩擦焊是英国焊接研究所(TWI)于 1992 年提出的专利焊接技术,与常规摩擦焊一样,搅拌摩擦焊也是利用摩擦热作为焊接热源。不同之处在于,搅拌摩擦焊焊接过程是由一个圆柱体形状的焊头伸入工件的接缝处,通过焊头的高速旋转,与焊接工件材料摩擦,从而使连接部位的材料温度升高软化,同时对材料进行搅拌摩擦来完成焊接的,焊接过程如图 8-27 所示。在焊接过程中,工件要刚性固定在背垫上,焊头边高速旋转,边沿工件的接缝与工件相对移动。焊头的突出段伸进材料内部进行摩擦和搅拌,焊头的肩部与工件表面摩擦生热,并用于防止塑性状态材料的溢出,同时可以起到清除表面氧化膜的作用。

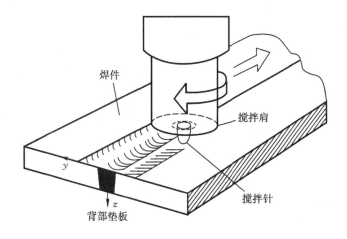

图 8 - 27　搅拌摩擦焊接过程示意图

　　搅拌头是搅拌摩擦焊工艺的核心技术之一,其主要功能有:加热和软化被焊接材料;破碎和弥散接头表面的氧化层;驱使搅拌头前部的材料向后部转移;驱使接头上部的材料向下部转移;使转移后的热塑化的材料形成固相接头。

　　搅拌摩擦焊使用带搅拌焊针的搅拌头,一般由具有良好耐高温静态和动态力学性能以及其他物理特性的抗磨损材料制成,主要包括搅拌针和轴肩两部分。焊针是插在对接焊缝中间的特殊形状的旋转工具,一般采用工具钢制成,其长度通常比要求焊接的深度稍短。搅拌头的形状是获得高质量焊缝和优良焊缝力学性能的关键因素。

　　通过搅拌摩擦焊焊接接头的金相分析及显微硬度分析可以发现,搅拌摩擦焊接头的焊缝组织可分为四个区域:A 区为母材区,无热影响也无变形;B 区为热影响区,没有受到变形的影响,但受到了从焊接区传导过来的热量的影响;C 区为变形热影响区,该区既受到了塑性变形的影响,又受到了焊接温度的影响;D 区为焊核,是两块焊件的共有部分,如图 8 - 28 所示。

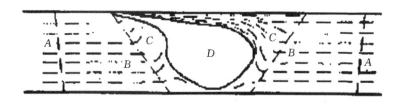

图 8 - 28　搅拌摩擦焊焊缝分区示意图
A—母材区;B—热影响区;C—变形热影响区;D—焊核区

2. 搅拌摩擦焊的特点

由于搅拌摩擦焊是一种固定连接,所以与其他焊接方法相比具有很多的优越性。

(1)搅拌摩擦焊的优点

①搅拌摩擦焊是一种高效、节能的连接方法。对于厚度为 12.5 mm 的 6XXX 系列的铝合金材料的搅拌摩擦焊,可单道焊双面成形,总功率输入约为 3 kW。焊接过程不需要填充焊丝和惰性气体保护,焊前不需要开坡口和对材料表面做特殊处理。

②焊接过程中母材不熔化,有利于实现全位置焊接以及高速焊接。

③适用于热敏感性很强及不用制造状态材料的焊接。熔焊不能焊接的热敏感性强的硬铝、超硬铝等材料可以用搅拌摩擦焊得到可靠连接;可以提高热处理铝合金的接头强度;焊接时不产生气孔、裂纹等缺陷;可以防止铝基复合材料的合金和强化相的析出或溶解;可以实现铸造、锻压以及铸造、轧制等不同状态材料的焊接。

④接头无变形或变形很小,由于焊接变形很小,可以实现精密铝合金零部件的焊接。

⑤焊缝组织晶粒细化,接头力学性能优良。焊接时焊缝金属产生塑性流动,接头不会产生柱状晶等组织,而且可以使晶粒细化,焊接接头的力学性能优良,特别是抗疲劳性能。

⑥易于实现机械化、自动化、可以实现焊接过程的精确控制,以及焊接参数的数字化输入、控制和记录。

⑦搅拌摩擦焊是一种安全的焊接方法。与熔焊方法相比,搅拌摩擦焊的过程没有飞溅、烟尘以及弧光的红外线或紫外线等辐射对人体的危害等。

搅拌摩擦焊除了具有普通摩擦焊技术的优点外,还可以进行多种接头形式和不同焊接位置的连接,如图 8-29 所示。

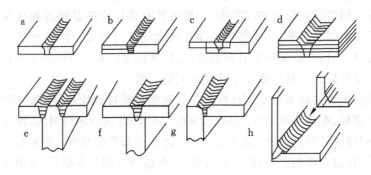

图 8-29　几种搅拌摩擦焊的接头形式

(2)存在的问题

随着搅拌摩擦焊技术研究的深入发展,搅拌摩擦焊在应用领域的限制得到很好解决,但是受它本身特点限制,搅拌摩擦焊仍然存在以下问题。

①焊缝无增高,在接头设计时要特别注意这一特征。焊接角接接头受到限制,接头形式必须特殊设计。

②需要对焊缝施加大的压力,限制了搅拌摩擦焊技术在机器人等设备上的应用。

③焊接结束时,由于搅拌头的回抽在焊缝中往往残留搅拌指棒的孔,所以必要时,焊接工艺上需要添加"引弧板或引出板"。

④被焊零件需要有一定的结构刚性或被牢固固定来实现焊接,在焊缝背面必须加一耐摩擦的垫板。

⑤要求对接头的错边量及间隙大小严格加以控制。

⑥目前只是限于对轻金属及其合金的焊接。

总之,与熔焊相比,搅拌磨擦焊是一种高质量、高可靠性、高效率、低成本的绿色连接技术。

3. 搅拌磨擦焊的应用

搅拌磨擦焊经历十几年的研究发展,已经进入工业化应用阶段。在美国的宇航工业、欧洲的船舶制造工业、日本的高速列车等制造领域搅拌磨擦焊得到了非常成功的应用。我国 2002 年引进,目前已经在航空、航天、船舶、高速列车等和轻型结构上得到成功的应用。搅拌磨擦焊已经可以焊接全部牌号的铝及其合金,也已经实现铝基复合材料以及铸件和锻压板材的铝合金搅拌磨擦焊。同时,搅拌磨擦焊也适用于钛合金、镁合金、铜合金、铁合金等材料的连接。

8.6　扩散焊

扩散焊是近十几年才出现的一种新的焊接方法,也属于压焊。扩散焊是在一定的温度和压力下使待焊表面相互接触,通过微观塑性变形或通过待焊面产生的微量液相扩大待焊表面的物理接触,然后经较长时间的原子相互扩散来实现冶金结合的一种焊接方法。

8.6.1　扩散焊的特点

1. 扩散焊的优点

①零部件的变形小、接头质量好,焊接温度一般为母材熔化温度的 0.4～0.8,因此,排除了由于熔化给母材带来的影响。

②可以焊接其他焊接方法难以焊接的工件与材料,焊接材料的种类为各种焊接方法之最。

③可以对各种复杂截面(特厚与特薄、特大与特小)进行焊接,焊接质量稳定可靠。

2. 扩散焊的缺点

①焊前对焊接件表面的加工清理和装配质量要求十分严格(要求连接表面的粗糙度 $Ra <$ 0.8 mm),需要真空辅助装置等。

②焊接热循环时间长,单件焊接生产率较低。

③设备一次投资较大,而焊接工件的尺寸受到设备的限制。

④对焊缝的焊合质量尚无可靠的无损检测手段。

8.6.2　扩散焊的应用

多用于焊接各种小型、精密、复杂焊件,尤其适合焊接用熔焊和钎焊难以满足质量要求的焊件,它不仅在原子能、航天、导弹等尖端技术领域中为解决各种特殊材料的焊接提供了可靠的工艺手段,而且在机械制造工业中也被广泛地应用,如金属切削刀具的制造(钢与硬质合金的焊接)、发动机缸体与气门座圈的连接、涡轮机叶片的焊接、汽车差动伞齿轮孔镶衬套(薄壁青铜套)等采用扩散焊后,接头质量显著提高。

用扩散焊可以将陶瓷、石墨、石英、玻璃等非金属与金属材料焊接,例如钠离子导电体玻璃与铝箔或铝丝焊接成电子工业元件等。

8.7　超声波焊

超声波是利用超声波(超过 16 kHz)的机械振动能量,连接同种或异种金属、半导体、塑料及陶瓷等的特殊焊接方法。

金属超声波焊接时,既不向工件输送电流,也不向工件引入高温热源,只是在静压力下将弹性振动能量转变为工件间的摩擦功、形变能及随后有限的温升。接头间的冶金结合是在母材不发生熔化的情况下实现的,因而是一种固态焊接。

8.7.1　超声波焊的原理及特点

1. 超声波焊的工作原理

超声波焊接方法的工作原理见图 8-30。

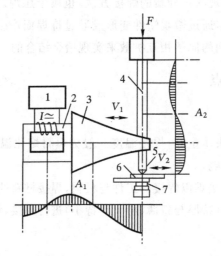

图 8-30　超声波焊原理

1—发生器;2—换能器;3—聚能器;4—耦合杆;5—上声极;6—工件;7—下声极

A_1,A_2—振幅分布;I—发生器馈电流;F—静压力;V_1,V_2—振动方向

工件 6 被夹在上、下声极 5 和 7 之间。上声极用来向工件引入超声波频率的弹性振动能并施加压力,下声极是固定的,用于支撑工件。

超声波焊接中,弹性振动能量的大小取决于引入工件的振幅大小、处于谐振状态时的振幅分布及其大小。A_1 即为沿换能器及聚能器轴线上的各点振幅分布状况。聚能器上的振幅分布由锥面形状及其放大系数来决定。A_2 即为在耦合杆上各点的振幅分布。耦合杆改变了振动形式及其分布,但并没有改变振幅的大小。

由上声极传输的弹性振动能是经过一系列的能量转换及传递环节而产生的。这些环节中,超声波发生器是一个变频装置,它将工频电流转变为超声波频率(15~16 kHz)的振荡电流。换能器则通过磁致收缩效应将电磁能转换成弹性机械振动能。聚能器用来放大振幅,并通过耦合杆、上声极耦合到工件。由换能器、聚能器、耦合杆及上声极所构成的整体一般称为声学系统。当发生器的振荡电流频率与声学系统的自振频率一致时，系统即产生了共振，并向工件输出弹性振动能。工件在静压力弹性振动能的共同作用下，将机械动能转变成工件间摩擦功、形变能和随之而产生的温升，从而使工件在固态下实现连接。

2. 超声波焊的特点

①焊接时焊件的温升小，焊接内应力与变形也很小，接头强度比电阻焊高 15%～20%。

②可焊接的材料种类很广泛，除钢材外，还可焊接高导电性、高导热性材料（如银、铜、铝）、物理性能相差很大的异种金属（如铜-铝、铜-钨、铝-镍等）以及非金属材料（如云母、塑料等）。

③焊前对焊件表面清理质量要求不高，耗电量仅为电阻焊的 5% 左右，焊接成本低。

④不足之处是：接头形式受焊极伸入方式的限制，厚壁工件的焊接较困难。

8.7.2　超声波焊的应用

主要用于无线电、仪表、精密机械、航空航天工业中各种微型精密构件的焊接，如半导体器件的内引出线、电解电容器的铝箔与引出线的焊接等；此外，在原子能、化工、轻工等部门也常采用超声波焊来焊接各种箔材、薄壁件及塑料、合成纤维等。

8.8　爆炸焊

爆炸焊是利用炸药爆炸产生的冲击力，造成焊件的迅速碰撞而实现连接焊件的一种压焊方法。焊缝是在两层或多层同种或异种金属材料之间，在零点几秒内形成的。焊接不需要填充金属，也不必加热。

8.8.1　爆炸焊的原理及特点

1. 爆炸焊的原理

以金属复合板的爆炸焊为例，其工艺安装如图 8－31 所示。在小型试验中，用平行法和角度法均可，但是在大面积复合板的爆炸焊时多用平行法。间隙距离在平行法时是不变的，在角变法时是可变的。在炸药和复合板之间，一般还需要设置塑料板、纸板、水玻璃沥青或黄油的保护层。整个系统通常置于地面之上，在特殊情况下置于砧座上。

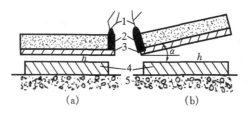

图 8－31　复合板的爆炸焊工艺安装示意图
(a)平行法；(b)角度法
1—雷管；2—炸药；3—复板；4—基板；5—基础(地面)；α—安装角；h—间隙

爆炸焊过程的瞬间状态是当置于复板之上的炸药被雷管引爆后，爆炸波便以爆炸速度在炸药层中向前传播。这个速度与炸药的品种、密度和数量有关。随后，爆炸波的能量和迅速膨胀的爆炸产物的能量就向四面八方传播开去。当这两部分能量的向下分量传递给复板后,便推动复板高速向下运动。复板在间隙中被加速,最后与基板高速撞击。当撞击速度和撞击角合适时,便会在撞击面上发生金属的塑性变形,而使它们紧密接触。与此同时,伴随着强烈的热效应。此时接触面上金属的物理性质类似于液体,在撞击点前形成射流。这种射流将复板和基板的原始表层上的污物冲刷掉,使金属露出有活性的清洁表面,为形成强固的冶金结合提供良好的条件。

在不同的焊接条件下,两种金属的结合面有不同的形状。当撞击速度低于某一个临界点时,结合面为直线形,在大多数情况下,结合面为波浪形。在波浪形界面上,有的只在波前有漩涡区,有的在波前和波后都有漩涡区。在漩涡区内的熔体,有的是固熔体,有的是中间化合物,还有的是它们的混合物。这些熔体通常硬而脆,但它们断续地分布在界面上,对金属间结合强度的影响比撞击能量过大时产生的连续层要小得多。而当结合面形成连续熔化层时,金属的结合强度和延性将大为降低。

2. 爆炸焊的特点

(1)优点

①不仅在同种金属而且在异种金属之间形成一种高强度的冶金结合焊缝。

②可以焊接尺寸范围很宽的各种零件。

③爆炸焊工艺比较简单,不需要复杂的设备,投资少,应用方便。

④不需要填充金属,结构设计采用覆合板,可以节省贵重稀缺金属。

⑤焊接表面不需要繁重的清理,只需要去除厚的氧化物、氧化皮及油。

(2)缺点

①被焊的金属材料必须具有足够的韧性和抗冲击能力以承受爆炸力和碰撞。

②因爆炸焊时被焊金属之间高速射流呈直线喷射,故爆炸焊一般只适用于平面或柱面结构的焊接。复杂形状的构件受到很大的限制。

③大多在野外露天作业、机械化程度低、劳动条件差,易受气候条件限制。

④爆炸时,产生噪声和气浪,对周围有一定影响,虽然可以在水下、真空里或埋在沙子下进行,但是将增加成本。

8.8.2　爆炸焊的应用

爆炸焊被广泛应用于石油、化工、造船、原子能、宇航、冶金、运输和机械制造等工业部门。在具体应用上可以用于金属包覆,使其表面具有某种特殊性能,也可以用于制造各种过渡接头,使其具有优良的力学性能、导电性及抗腐蚀性能等。

用爆炸焊时,各种金属组合的焊接性能较好,例如钛-钢、不锈钢-钢、铜-钢、铝-钢、铝-铜等。使用爆炸焊还可以将金属与陶瓷、塑料及玻璃焊接起来。

复习思考题

1.什么是钎焊? 简述钎焊的分类和特点?

2.电渣焊有哪几种形式? 简述它们各自的特点和适用范围。

3.什么是螺柱焊? 它有什么特点和应用?

4.试对比说明电弧螺柱焊、电容储能螺柱焊和短周期螺柱焊有什么不同？如何选择螺柱焊方法？

5.什么是电子束焊？可以分为哪些类型？各有什么特点？

6.激光有哪些特性？激光焊有什么特点？

7.摩擦焊的原理是什么？它有哪些特点和应用？

8.摩擦焊有哪些形式？分别适用于什么场合？

参考文献

[1]赵熹华.压焊方法与设备.北京:机械工业出版社,2005.

[2]中国机械工程学会焊接学会.焊接手册:第1卷,焊接方法与设备.北京:机械工业出版社,2002.

[3]国家技术监督局.GB/T 3375—1994 焊接名词术语.北京:中国标准出版社,1995.

[4]王震激.气体保护焊工艺与设备.西安:西北工业大学出版社,1991.

[5]雷世明.焊接方法与设备.北京:机械工业出版社,2006.

[6]陈祝年.焊接工程师手册.北京:机械工业出版社,2002.

[7]邱葭菲.焊接工艺学.北京:中国劳动社会保障出版社,2005.

[8]殷树言.气体保护焊工艺.哈尔滨:哈尔滨工业大学出版社,2004.

[9]梁文广.电焊机维修简明问答.北京:机械工业出版社,1997.

[10]周玉生.电弧焊.北京:机械工业出版社,1994.

[11]吴敢生.埋弧自动焊.沈阳:辽宁科学技术出版社,2007.

[12]周兴中.焊接方法与设备.北京:机械工业出版社,1990.

[13]姜焕中.电弧焊及电渣焊.北京:机械工业出版社,1988.

[14]俞尚知.焊接工艺人员手册.上海:上海科学技术出版社,1991.

[15]曾乐.现代焊接技术手册.上海:上海科学技术出版社,1993.

[16]李亚江.特种焊接技术及应用.北京:化学工业出版社,2004.

[17]陈裕川.现代焊接生产实用手册.北京:机械工业出版社,2005.

[18]方洪渊.简明钎焊工手册.北京:机械工业出版社,2001.

[19]美国焊接学会.焊接手册.第7版:第2卷.北京:机械工业出版社,1988.

[20]胡特生.电弧焊.北京:机械工业出版社,1996.

[21]伍广.焊接工艺.北京:化学工业出版社,2002.